扫码看视频·轻松学技术丛书

葡萄
高效栽培与病虫害防治
彩色图谱

全国农业技术推广服务中心
国家葡萄产业技术体系 组编

U0395098

中国农业出版社

编　委　会

主　　编： 李　莉　段长青

编写人员（按姓氏笔画排序）：

王忠跃　王振平　王娟娟

田淑芬　刘风之　李　莉

杨国顺　杨治元　冷　杨

张　新　张振文　陈常兵

赵胜建　段长青　郭修武

翟　衡　潘明启

出版说明

现如今互联网已深入农业的方方面面，互联网即时、互动、可视化的独特优势，以及对农业科技信息和技术的迅速传播方式已获得广泛的认可。广大生产者通过互联网了解知识和信息，提高技能亦成为一种新常态。然而，不论新媒体如何发展，媒介手段如何先进，我们始终本着"技术专业，内容为王"的宗旨出版好融合产品，将有用的信息和实用的技术传播给农民。

为了及时将农业高效创新技术传递给农民，解决农民在生产中遇到的技术难题，中国农业出版社邀请国家现代农业产业技术体系的岗位科学家、活跃在各领域的一线知名专家编写了这套"扫码看视频·轻松学技术丛书"。书中精选了海量田间管理关键技术及病虫害高清照片，大部分为作者多年来的积累，更有部分照片属于"可遇不可求"的精品；文字部分内容力求与图片内容实现互补和融合，通俗易懂。**更让读者感到不一样的是**：还可以通过微信扫码观看微视频，技术大咖"手把手"教你学技术，可视化地把技术搬到书本上，架起专家与农民之间知识和技术传播的桥梁，让越来越多的农民朋友通过多媒体技术"走进田间课堂，聆听专家讲课"，接受"一看就懂、一学就会"的农业生产知识与技术的学习。

说明：书中病虫害化学防治部分推荐的农药品种的使用浓度和使用量，可能会因为作物品种、栽培方式、生长周期及所在地的生态环境条件不同而有一定的差异。因此，在实际使用过程中，以所购买产品的使用说明书为准，或在当地技术人员的指导下使用。

2017 年 8 月

目录

一、生物学特性

（一）主要器官

葡萄的植株主要由根、茎、芽、叶、花、果穗、浆果和种子组成。

葡萄的根系非常发达，一般情况下，根系垂直分布在20～100厘米的土层内。葡萄的根为肉质根，贮藏有大量的营养物质，因繁殖方法不同，根系的形成有明显的差异，由种子繁殖的植株有主根，并分生各级侧根；主根是由种子的胚根发育而成，称实生根系。用枝条扦插、压条繁殖的植株没有主根，只有若干条粗壮的骨干根，随着根龄的增加，分生出各级侧生根和细根，这些根统称为不定根或称茎生根系（图1-1）。在空气湿度大、温度适宜时，大部分葡萄品种在成熟的老蔓上常长出气生根。葡萄根系喜疏松的土壤，忌积水。一般每年春夏季和秋季各有一次发根高峰，且以春、夏季发根量最多。

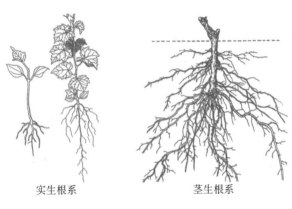

实生根系　　　　　茎生根系

图1-1　葡萄根的类型

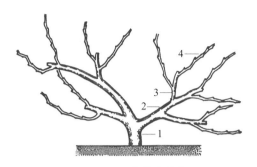

图1-2 葡萄的枝蔓
1.主干 2.主蔓 3.侧蔓 4.结果母枝

葡萄的茎是蔓生的，具有细长、坚韧、组织疏松、质地轻软、生长迅速的特点，着生有卷须供攀缘，通常称"枝蔓"或"蔓"主要包括主干、主蔓、侧蔓、结果母枝（图1-2）。

葡萄枝梢上的芽根据形成和萌发的时间及结构特点分为冬芽和夏芽（图1-3）。冬芽当年形成，有芽鳞包裹，第二年萌发；而夏芽当年形成当年萌芽，为无芽鳞的裸芽。芽在一定的外界条件和营养条件下发生分化，形成花和花序的原基，一般一年分化一次，也可一年分化多次。冬芽中形成花原基时间较长，而夏芽中形成的时间较短。

温馨提示

葡萄芽具有异质性，是指由于品种、枝蔓强弱、芽在枝蔓上所处的位置和芽分化早晚等的不同，造成结果母枝上各节位不同芽之间质量的差异。一般主梢枝条基部1～2节的芽质量差，中、上部芽的质量好，例如生长势较旺的巨峰品种，中部5～10节的芽眼发育完全，大多为优质的花芽，下部或上部的芽眼质量较次。距中部向上或向下的芽眼，愈远则质量愈差。

图1-3 葡萄的芽

葡萄的叶为单叶、互生，由叶柄、叶片和托叶三部分组成。

葡萄的花较小，分为两性花、雌能花和雄能花三种类型。两性花具有正常雌雄蕊，花粉有发芽能力，能自花授粉结实，绝大多数品种均系两性花。雌能花除有发育正常的雌蕊外，虽然也有雄蕊，但花丝比柱头短或向外弯曲，花粉无发芽能力，表现雄性不育，必须配置授粉品种才能结实。雄花在花朵中仅有雄蕊而无雌蕊或雌蕊不完全，不能结实。此类花仅见于野生种，如山葡萄、刺葡萄等。

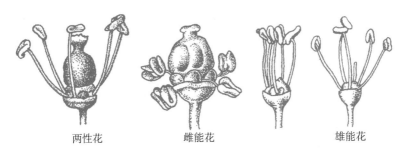

两性花　　　　　雌能花　　　　　雄能花

图1-4　葡萄花的类型

葡萄的果实为浆果，葡萄果穗由穗梗、穗梗节、穗轴和果粒组成。从开花坐果到浆果着色成熟为浆果的生长发育期，一般早熟品种需要65～70天，中熟品种为75～85天，晚熟品种为90～130天。

（二）葡萄年生长发育周期

葡萄起源于亚热带气候条件，在长期的进化过程中，既保持了亚热带植物周年生长的特点，又适应了温带气候季节性生长周期。因此，栽培在温带地区的葡萄，在年生长发育周期中呈现出明显的季节性变化，概括起来可分为两大时期：生长期和休眠期（表1-1）。

表1-1　葡萄年生长发育周期

年生长发育周期	各时期特点
休眠期（从秋天落叶开始至翌年春季萌芽之前）	自然休眠结束后，如果温度、湿度适宜，葡萄就可以萌芽生长。但在北方，自然休眠结束后，往往气温和土温仍很低，这时葡萄仍不能正常生长，便进入被迫休眠期

（续）

年生长发育周期		各时期特点
生长期（从春季伤流开始到秋季落叶为止为葡萄的生长期）	树体流动期（伤流期）	在春季芽膨大之前及膨大时，从葡萄枝蔓新剪口或伤口处流出许多无色透明的液体，即为葡萄的伤流。伤流的出现说明葡萄根系开始大量吸收养分、水分，为进入生长期的标志。不同种葡萄的伤流发生早晚不同。枝蔓在伤流期变得柔软，可以上架、压条；在露地越冬地区必要时可继续修剪，埋土防寒区可出土后修剪
	萌芽与花序生长期（萌芽与新梢生长期）	从萌芽至开花始期35~55天。在生长初期，新梢、花序和根系的生长主要依靠植株体内贮藏的有机营养，在叶片充分长成之后，才能逐渐变为依靠当年的光合作用产物。这个时期如果营养不足或遇干旱，就会严重影响当年产量、质量和下一年的生产。新梢开始生长慢，以后随着温度升高而加快，至高峰时每昼夜生长量可达4~6厘米，甚至更多
	开花期	从开始开花至开花终止，花期持续1~2周。当日平均温度达20℃时，葡萄开始开花，这时枝条生长相对减缓。温度和湿度对开花影响很大，高温、干燥的气候有利于开花，能够缩短花期。相反，若花期遇到低温和降雨天气，会延长花期
	浆果生长期	花期结束至浆果开始成熟前为葡萄的浆果生长期。在此期间，当幼果直径约3~4毫米时，有一个落果高峰。此期间果实增长迅速；新梢的加长生长减缓而加粗生长变快，基部开始木质化，到此期末即开始变色。冬芽中开始了旺盛的花芽分化
	浆果成熟期	浆果从开始成熟到完全成熟的一段时期。果粒变软而有弹性，无色品种的绿色变浅，有色品种开始着色，果粒的生长又迅速加快，进入第二个生长高峰。在果粒内部发生一系列复杂的生化变化。浆果成熟期持续天数因品种而不同，一般20~30天或以上
	落叶期	从采收到落叶休眠的一段时期。当随着气温的降低，在叶柄基部逐渐形成离层，叶片逐渐老化，在叶内大量积累钙，而氮、磷、钾的含量减少。此时大部分白色品种的叶片变黄，有色品种变红。叶片从枝条基部向上部逐渐脱落，但在中国北方地区，一些品种叶片常常因早霜而提早脱落，难以见到自然落叶

（三）葡萄对生态条件的要求

葡萄的生长发育很大程度上受葡萄产地生态条件的影响。在进行葡萄生产时，必须首先考虑到当地的年平均温度、光照时间、降雨量及降雨分布、土壤结构、水分供应及当地常发的自然灾害等生态条件。

1. 温度　葡萄属喜温作物，低温会延迟葡萄的生长发育，果实糖少酸多，温度过低还会导致植株发生寒害、冻害。但是，高温也不利于葡萄生长。葡萄生长的不同时期对温度的要求也不同，葡萄生长和结果最适宜的温度为 20 ~ 25℃。生长期低于10℃时停止生长，高于35℃时产生高温伤害。同时，在果实成熟前昼夜温差在10 ~ 15℃时最利于果实糖分积累和着色成熟。

2. 土壤　葡萄根系对土壤适应性较强，除了重盐碱土、沼泽地、地下水位不足1米、土壤黏重、通气性不良的地方外，在各类土壤上均能栽培。但最适宜葡萄栽培的是疏松肥沃的壤土或沙壤土。就土壤酸碱度而言，土壤 pH 5.8 ~ 8.2的地区均可栽培，但以土壤pH 6.5 ~ 7.5时葡萄生长最好。在土壤偏酸偏碱的地方，栽培葡萄时除要改良土壤外，要注意选择适宜的抗性砧木。葡萄最适于在土壤有机质大于2%、土壤含氧量大于9%的中性土壤上栽培。

3. 水分　葡萄抗旱性强，但也需要良好的水分供应，这样葡萄植株才能萌芽整齐，生长健壮，浆果发育充分。在早春萌芽期、新梢生长期、幼果膨大期都需要充足的水分供应，生长期内以土壤田间持水量保持在70% ~ 78%为宜，在开花期和浆果成熟期前后要适当干旱，土壤含水量保持在60% ~ 65%较好。葡萄不耐水涝，在地下水位高和降雨多的地区，一定要主要设置排水措施及时排涝。

4. 光照　葡萄是喜光植物，但光照也不能太强，强烈光照能使植株、果实发生日烧。改善通风透光条件，可减轻病害的发生。不同品种葡萄的喜光性有差异。一般欧亚种品种比美洲种品种要求光照条件高。大部分品种以散射光获得理想的着色，少部分品种在直射光条件下进行着色，如玫瑰香、黑汉等，这些品种成熟期果实必须要有直射光照射，可以采取摘叶等措施。

二、建园规范

（一）园地选择

葡萄为喜温、喜光的植物，温度、水、光照条件是新建葡萄园的重要考虑因素；其次还须考虑一些自然灾害发生的情况，如除冻害、霜害、水害外，还有风害、沙尘暴、雹灾等，同时还要考虑葡萄园的位置。

1.地理位置　大部分葡萄园分布在北纬20°～52°及南纬30°～45°，绝大部分分布在北半球。海拔一般在400～600米。葡萄园应远离污染源，与工厂相距5千米以上、与交通主干线相距0.5千米以上。若距交通主干线较近，则必须采取生物隔离或设施隔离，也必须达到50米以上。要求周边的空气、水资源等生态环境洁净、无污染，土壤重金属含量不超标，产地环境条件必须符合无公害农产品产地环境条件要求。葡萄园要位于交通便利的地方，具有公路、铁路、空运等通畅的运输条件。

2.气候条件　不同葡萄品种从萌芽开始到果实充分成熟所需≥10℃的活动积温不同。根据前苏联达维塔雅的研究，极早熟品种要求2 100～2 500℃，早熟品种2 500～2 900℃，中熟品种2 900～3 300℃，晚熟品种3 300～3 700℃，极晚熟品种则要求3 700℃以上的活动积温。

3.埋土防寒区与非埋土防寒区　多年冬季绝对平均最低温度低于−15～−14℃时应考虑葡萄越冬埋土防寒（图2-1），高于−15～−14℃的地区一般不需要埋土防寒。

注：亩为非法定计量单位，15亩＝1公顷。

图2-1　埋土防寒

（二）葡萄园规划

　　要求葡萄园内田间道路完备且布局合理，便于作业和运输。生产作业道贯穿果园（120～200厘米），生产道与果园运输道（300～400厘米）相连，果园运输道与主干道相连，葡萄园水电基础设施配备完善（图2-2）。

图2-2　标准化葡萄园

（三）土壤准备

葡萄对土壤适应性较广，一般沙土、壤土、黏土地均能种植，但要选择排灌方便、地势相对高燥、土壤pH6.5～7.5的地块。较黏重的土壤、沼泽地和重盐碱土不适宜于葡萄种植，需要掺沙、煤渣灰或排盐处理，施有机质肥逐步改良土壤。

1.土壤改良

（1）沙荒砾石地改良　主要是客土改良，利用含盐碱量低的黏土或壤土，结合施用有机肥，在挖施肥坑时，捡出砾石，将黏土、有机肥和含有小砾石的原土混合施入坑中。

（2）盐碱地改良　在生长期及埋土前，灌水排碱洗盐，有条件可在丰水期以水压盐洗盐，降低土壤含盐量。利用杂草、绿肥覆盖；中耕可减少土壤水分蒸发，抑制土壤返盐。

（3）黏土改良　结合施用有机肥，将沙、有机肥和黏土混合，施入肥料坑中，逐步将黏土改良为适宜葡萄根系生长的沙壤土。

（4）深翻改土　深翻一般结合秋季施有机肥进行，每年或1～2年1次。黏重土壤深翻时要深些，深度可为60～80厘米；沙土地可浅些，40～50厘米即可。

（5）施肥　主要施用有机肥和磷钾肥，有机肥的种类包括各种腐熟的畜禽类、人粪尿和沤熟的秸秆肥、绿肥、酒渣等，一般每亩施入5 000～10 000千克，磷肥和钾肥一般每亩20～50千克。

2.土壤消毒

（1）日光高温消毒法　在夏季7、8月高温季节，将基肥中的农家肥施入土壤，深翻30～40厘米，灌透水，然后用塑料薄膜平铺覆盖并密封土壤40天以上（图2-3），使土温达到50℃以上，以杀死土壤中的病菌和线虫。在翻地前，土壤中撒施生石灰80～150千克／亩，灌水后覆塑料布可使地温升到70℃左右，杀菌、杀虫效果更好。

（2）药剂消毒法　使用熏蒸剂如溴甲烷、三氯硝基甲烷、棉隆、福尔马林等，栽植前对土壤进行消毒。利用土壤消毒机或土壤注射器将熏蒸药剂注入土壤中，然后在土壤表层盖上塑料薄膜，杀死土壤中的病菌。

图2-3 日光高温消毒法（覆膜）

温馨提示

土壤熏蒸消毒，必须待药剂充分挥发后才能定植。否则，容易产生药害，造成缺苗、弱苗及减产。

（四）品种选择

1.酿酒葡萄品种 酿酒品种的选择主要取决于酒厂的产品类型。一定要在充分了解酒种类型和生产目标的基础上，确定栽植品种（图2-4和图2-5）。

图2-4 赤霞珠　　　　　　　　图2-5 霞多丽

2. 鲜食葡萄品种

（1）早熟有核品种　维多利亚（图2-6）、香妃、早黑宝、早巨选、郑州早玉、乍娜、大粒六月紫、六月紫、巨星、蜜汁、矢富罗莎、洛浦早生、紫珍香、丰宝、坂田良智、凤凰51、奥古斯特、贵妃玫瑰、黑香蕉、红双味、京秀、京亚（图2-7）、京玉。

图2-6　维多利亚

图2-7　京　亚

（2）早熟无核品种　金星无核、弗蕾无核、夏黑（图2-8）、无核早红、黎明无核、汤姆逊无核、奥迪亚无核、郑果大无核、优无核、无核白鸡心、希姆劳特、碧香无核、京早晶、8612。

（3）中熟有核品种　天缘奇、香悦、紫地球、醉金香、巨玫、巨峰（图2-9）、安艺皇后、黄蜜、金手指、巨玫瑰（图2-10）、藤稔、超藤、大粒玫瑰香、黄金香、高蓓蕾、高鲁比、黑峰、黑瑰香、户太8号、京优、黑蜜、阳光玫瑰（图2-11）。

（4）中熟无核品种　奇妙无核。

（5）晚熟有核品种　摩尔多瓦、晚霞、魏可、信侬乐、意大利亚红高、红罗莎里奥、克林巴马克、美人指（图2-12）、蜜红、秋红、大红提、峰后、高妻、格拉卡、黑提、红地球、巴西、比昂可、翠峰、达米娜、红茧、红鸠、新尤尼坤、红意大利、夕阳红。

（6）晚熟无核品种　红宝石无核、皇家秋天、克瑞森无核、莫丽莎无核。

图2-8 夏 黑

图2-10 巨玫瑰

图2-9 巨 峰

图2-11 阳光玫瑰

图2-12 美人指

3.品种选择注意事项 主栽品种要最适合本地区生态条件，适合市场需求。在埋土防寒地区栽培应选择抗寒砧木，如贝达；在中度以下盐碱地应选择抗盐碱砧木，如5BB、SO4（图2-13）等；在土壤黏重地区应选择贝达作为砧木。在根瘤蚜、线虫发生区域，可选择高抗根瘤蚜、抗线虫的5BB、SO4、10114、1103P、420A等砧木。

图2-13 SO4砧木

（五）定植

1.挖定植沟 一般沟宽80～120厘米、沟深为80～100厘米（图2-14），在土壤黏重的地区或在砾石山坡地注意适当加大栽植沟的宽度和深度。栽植沟挖好后使土壤充分风化，并在底层填入切碎的玉米秸秆，然后再将腐熟的有机肥料和表土混匀填入沟内，填土要高出原来的地面，以防栽植灌水后土面下沉。在土壤较为疏松的地区可采用坑栽，定植坑的深度应在60厘米左右，同样填入秸秆和有机肥。

2.栽培架式和行向选择 新建的酿酒葡萄基地一般选用篱架，鲜食品种多用篱架或小棚架栽培。

行向选择：南北行最有利于光能的利用，东西行光能利用较差。

图2-14 挖定植沟

确定行距：主要考虑的因素是品种的生长势、整形与架式、越冬防寒取土需要、达到丰产的年限以及机械耕作的要求等。冬季寒冷的北方地区需埋土防寒，一般多采用棚架，行距不小于4～5米；生长势强的品种行距可稍大些，一般8～10米；生长势中庸的品种，一般为4～6米。株距一般为0.5～1.8米，若采用抗寒砧木时，行距可适当缩小。

3.苗木准备　合格苗木要求有5条以上完整根系、直径在2～3毫米的侧根。苗剪口粗度在5毫米以上，完全成熟木质化，有3个以上的饱满芽，无病虫害。嫁接苗的砧木类型应符合要求，嫁接口完全愈合无裂缝。苗木栽植前修剪保留2～4个壮芽，基层根一般可留15～25厘米，受伤根在伤部剪断。苗木准备好后要立即栽植，若不能很快栽完，可用湿麻袋或草帘遮盖，防止抽干。

4.栽植时期　葡萄苗在秋季落叶后到第二年春季萌芽前都可以栽植。在春季干旱且无灌溉条件的地方秋栽成活率较高；冬季严寒的地区适于春栽，春栽可在土温达到8～10℃时进行，最迟不应晚于萌芽。

5.定植方式

（1）秋苗定植　在已挖好的定植沟内，按设计好的株距挖30～40厘米深、宽的栽植坑，施入少许磷酸二铵或其他速效性氮肥，然后将浸泡蘸好泥浆的葡萄苗木放在坑中。苗木根系要充分舒展，逐层培土，当填土超过根系后，用手轻轻提起苗木抖动，使根系周围不留空隙，然后填土至坑满，踩实，灌足水。待水渗下后在苗木顶部用土培成高4～5厘米、直径15厘米左右的小土堆，其上再覆地膜。嫁接苗的接口处一般要高于地面3～5厘米，以防止接穗生根（图2-15）。

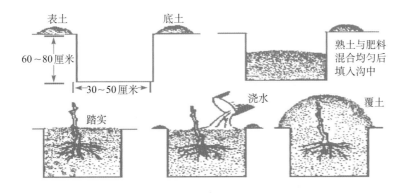

图2-15　秋苗定植示意图

（2）绿苗定植　苗木达到"三叶一心"以上的标准。定植时先将塑料袋剥去，然后左手托住带土团的幼苗，不使土壤松散开，右手用铲在划定的株行距位置挖浅坑，随即连同土团把幼苗栽入浅坑内，栽植深度应使幼苗根颈略高于地表，最后用铲把土整平、压实，并及时浇1次透水。定植后20天内，若气温过高，必要时应采用带叶树枝遮阴（图2-16）。

（3）深沟栽植　在冬季严寒的东北和西北地

图2-16　营养袋苗定植方式示意图

区采用深沟浅坑或深坑栽植可防止根部受冻。栽植前先挖30～40厘米深沟，葡萄栽植和生长在沟中。

（六）架材设立

葡萄架主要由立柱、横梁、铁丝、锚石等材料组成，常用架材有木材柱、石柱、水泥柱、钢柱（图2-17和图2-18）。

1. 篱架　一般篱架栽植的葡萄行长50～100米，每隔6米左右立一根支柱（中柱）（图2-19），埋入土中深约50厘米，行内所有立柱要求高度相同，并处于行内的中心线上，偏差不超过10厘米，中柱应垂直。每行篱架两端的边柱要埋入土中深60～80厘米以上。

固定边柱的方法主要有两种：一是用锚石固定，在边柱外侧约1米处，挖深60～70厘米的坑，坑里埋入约10千克的石头，在石头上绕8～10号的铅丝，铅丝引出地面并牢牢地捆在边柱的上部和中部；另一种方法是用撑柱（直径

图2-17　水泥柱

图2-18　钢　柱

8 ～ 10厘米）固定。立柱埋好后，在上面拉铅丝（图2-20）。先将铅丝固定在行内一端的边柱上，然后用紧线器从另一端拉紧，拉力约保持在50 ～ 70千克。葡萄园架材用料以行距2.5米、行长90米，行内每间隔6米竖一立柱，架高2 ～ 2.5米计算，每公顷需中柱675根，边柱90根，铅丝约16 500米。

图2-20　立柱上的铅丝

图2-19　篱　架

2. 小棚架　一般架高约2米，先在地块的4个角处各设一根角柱，再在四周边设立边柱，每根立柱之间距离约5米。将角柱和边柱倾斜埋入土中50 ～ 60厘米（柱子与地面呈60°角），用锚石固定。用两股粗铅丝[8号（直径4.06毫米）或10号（直径为3.25毫米）]将四周的边柱联系起来，拉紧并固定，形成周线或边线，南北或东西相对的两根边柱之间用8号（直径4.06毫米）铅丝拉紧，形成干线，最后再在边线和干线之间每隔40 ～ 50厘米拉一道铅丝（12 ～ 15号），纵横交错形成网状（图2-21）。

图2-21　小棚架

三、果园改造技术

（一）选择优良品种

选择适合当地生态环境、丰产、抗性强的品种进行改接换种。如年降雨量在700毫米以上地区，可选择亚都蜜、峰后、高妻、户太8号、京优、黑奥林等抗病性强的早、中熟品种；年降雨量在700毫米以下地区，选择森田尼无核、郑果大无核、克瑞森无核、圣诞玫瑰等早、中、晚熟欧亚种品种。

（二）整形改造

对于新引进品种因管理不良形成的"小老树""脱节树"，除了要加强土壤改良、增施肥料、有效防治病虫害外，特别要对整个树体进行全方位的改造。可从基部平茬促发强壮新梢重新培养树形，也可在原主蔓上选一个强壮新梢作为延长梢，重新培养树形。管理要勤中耕除草，促进根系生长，提高根系的吸收能力。冬季埋土时要加大埋土范围、厚度，经过1～2年改造，可变成优质丰产园。

（三）增株加行，提高土地有效利用面积

老园行距多在8～12米，株距3～4米，春季出土后每株间距压主蔓1～2根，使株距变为1.5～2米，并在行间再栽1行，增加密度。行间更新主要针对树龄在5年左右且行间距较宽（4米以上）的葡萄园。

具体做法：冬剪时对原葡萄植株进行疏剪，除去衰弱有病的植株，留下的

健壮植株也尽量少留芽，同时在原葡萄行间开沟施入农家肥，灌冬水。来年在原葡萄行间开沟处栽上更新品种的苗木，最好用嫁接苗。这样前 1 ~ 2 年老品种和新栽苗木同时生长。待第 3 年，将老树全部挖除。

（四）架式改造，增产增效

一部分篱架葡萄园植株长势很强，但行距较小（2.0 ~ 2.5 米），导致园内通风透光差，果实日灼严重，生产管理难度大，产量逐年下降。架式可由单壁篱架（图 3-1）改为小棚架，增加结果面积，增加单产，便于果穗管理，防止日灼，提高葡萄品质。

具体方法是：隔 1 行伐 1 行，但立柱不去除，剩余行每行建立 1 个棚面，以所伐行的立柱为中间支撑，建立棚面的 4 根立柱上以及对角拉 2 道 8 号铁丝或架松木杆，然后利用原有第 4 道铁丝横拉 4 ~ 5 道铁丝与对角铁丝编成棚面。上架葡萄在保持架面中短梢修剪基础上，每株葡萄选留 2 ~ 3 根 1 厘米以上粗壮枝条，作为延长枝条长放上棚。第 1 年保持在第 4 道铁丝以上 10 厘米左右反

图 3-1　单壁篱架

复摘心，以促壮枝蔓。冬剪时，在基部留粗壮新枝，顶部留1～2副梢，使其向前延伸。第2年春天，在延伸枝条上选留新梢长放至1.0～1.2米时摘心促壮，其余新梢按10～15厘米距离留1个结果部位。第3年长放延长枝条可铺满架面，在延长枝形成主蔓上每隔10厘米左右留1新梢作结果枝，在结果母枝上根据枝蔓长势强弱和分布疏密进行疏芽，在冬剪时除主要延长枝外，一般枝条要进行短梢或极短梢修剪（图3-2至图3-4），每个结果枝上留1～2个芽，至多3～4个芽，并及时疏除密枝、病枝和不成熟枝，同时注意结果枝的更新和肥水供给及病虫防治。

图3-2　短梢修剪

图3-3　短梢修剪效果图

图3-4　极短梢修剪

（五）嫁接改良

用嫁接换头技术改造老葡萄园成活率高，既省钱又省工，还可在短时间内实现品种更新，见效快，是一种值得推广的好方法。

1.多头改接处理老植株 针对一些树龄在10年左右，树势较旺，且1米以下枝蔓无损伤，无病虫害的葡萄园，冬剪时，按正常架面修剪，一年生枝留3～4芽，短截后抹去弱芽（图3-5），以便春夏季进行多头改接。

2.老树平茬改接 主要针对树龄大于10年，树势衰弱或枝蔓太粗不易埋压或枝蔓有机械损伤、有病虫危害的葡萄园。在冬剪时将老蔓从地面处截断，或在有空缺苗处，将靠根部分留下的一年生枝剪留一定长度，在葡萄行向上挖一深、宽各20厘米的浅沟，

图3-5 抹 芽

把枝条压入沟内或直接将老蔓埋在沟内，待开春后嫁接。

3.春季硬枝嫁接

（1）接穗准备 采集接穗的时间应在葡萄落叶后，接穗从品种纯正、植株健壮的结果株上的营养枝上采集。接穗选择充分成熟、节部膨大、芽眼饱满、无病虫的一年生枝条。按每50根或100根种条一捆，捆扎整齐，做好标记，入沟埋藏。地温升至10℃时转入冷库保存。嫁接前1天取出接穗，用清水浸泡12～24小时，使接穗充分吸足水分。

（2）嫁接时期与方法 嫁接时间要在伤流之前进行，嫁接前的土壤要浇足水分。在砧木枝条横切面中心线垂直劈下，深2～3厘米。接穗选择1～2个饱满芽，在顶部芽以上2厘米和下部芽以下3～4厘米处截取。在芽下两侧分别向中心切削成2～3厘米的长削面，削面务必平滑，呈楔形。随即插入砧木劈口，对准一侧的形成层，然后用宽3厘米、长20厘米的塑料薄膜，由砧木

切口最下端向上缠绕至接芽处，包严接穗削面后向下反转，在砧木切口下端打结。在接芽萌发前，在芽上方用刀片将包扎带划破一小口，以便新梢伸出。

4. 夏季绿枝嫁接

（1）采集接穗　绿枝嫁接用的接穗，采用半木质化新梢或副梢。剪下后，立即去除叶片，仅保留1厘米长叶柄，保湿存放。最好就地采集，随采随接。尽量做到当天采的接穗当天嫁接完毕。若用不完，应将接穗用湿毛巾包好，放在3～5℃低温阴凉处保存。嫁接时间：以接穗和砧木的新梢达到半木质化时间为标准。

（2）嫁接方法　选取半木质化的绿枝，从下往上用半面刀片切取一节4～5厘米长的新梢茎段作接穗，在芽的上方2厘米处平剪，在芽的下方两侧1厘米处以下切削成长2～3厘米的对称楔形削面，立即放在瓷盆内用湿毛巾包起，以防失水。然后选取与接穗粗细大致相同的砧木，在离地表30厘米左右处切断，从断面中间垂直劈开，劈口略长于接穗削面的长度，随即把削好的接穗轻轻插入，使接穗削面最上部留有1～2毫米露出在砧木劈口的上面（俗称"露白"），并将砧、穗形成层对齐，如粗度不等，至少其中有一侧形成层务必对齐。接后立即用塑料条将接口从下往上包扎严密，并用小块白胶布把接穗芽上切口和叶柄切口封严（图3-6）。

图3-6　夏季嫁接

5. 嫁接后的管理　嫁接前2～3天，灌1次透水。嫁接后2～3天内要经常浇水，保证植株液流旺盛，促进愈伤组织的形成。嫁接后，砧木要反复除萌，及时摘除所有的生长点，集中营养促进嫁接新梢迅速生长。成活的新梢枝条长到50～60厘米时第一次摘心，并及时上架，促进新梢粗壮成熟。当新梢摘心时，解除塑料条，防止影响枝条的加粗生长。

四、整形与枝梢管理技术

（一）幼树管理

绑蔓整形：当新梢长到15厘米时，每株只留蔓一个，其余摘除，对枝蔓进行绑缚使其沿杆生长；当新梢长到80～100厘米时摘心，以后上部只留一个副梢让其生长，过高时适当短截；下部副梢只留一片叶子进行反复摘心，促进枝蔓加粗生长（图4-1和图4-2）。

图4-1　幼树绑缚方式示意　　　　　　　　　　　　图4-2　幼树管理

（二）架式

目前我国各地葡萄栽培所采用架式基本上可分为篱架和棚架两大类型，架形有T形、V形、H形（图4-3）、X形等，南方、北方有所区别。选择架形架式一定要根据本地区的土壤条件、地势、气候特点、品种特性。

1. 篱架　篱架是栽培上较为常用的架式，便于管理，通风透光好，适于机械化操作，适用于干旱地区及生长势较好的品种。篱架分为单篱架和双篱架两个类型。

（1）单篱架　适用于行距较小的葡萄园，在山坡地或干旱地区栽培或生长势弱的品种。在葡萄行内沿行向每隔5～6米设立一根支柱，架高1.5～2.0米，在支柱上每隔40～50厘米拉一道横线（一般用8号或10号铅丝）。单篱架的行距应依据架高而定，平原地区架高应1.7～1.8米为宜，行距应在2～2.3米，行距太小易造成下部遮光现象，不利下部果实着色（图4-4）。

（2）双篱架　通风透光条件不如单篱架，管理和机械化操作不方便，且用架材多，投资大；优点是有效架面较大，产量高，葡萄质量好。在葡萄定植穴的两侧沿行向各设立一行单篱架，植株定植在两行的中心线上，枝蔓向两侧均匀引缚。一般架高1.7～2.2米，壁基部间距为50～70厘米，上部为80～100厘米，呈倒梯形。两壁上同样每隔40～50厘米拉一道横线，行距3米（图4-5和图4-6）。

图4-3　H形架

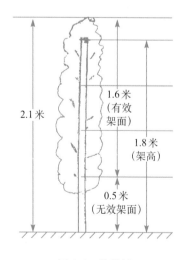

图4-4　单篱架

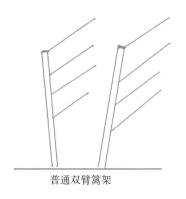 

普通双臂篱架　　　　　　　　　单干双臂篱架

图4-5　双臂篱架的两种形式

图4-6　葡萄双臂篱架

（3）T形架　在立柱上拉1～2道铅丝，在横梁两端各拉一道铅丝，也可在中间再加两道铅丝。这种架式适合生长势较强的品种。葡萄植株栽于T形架的立柱近处，龙蔓绑于中间两道铅丝线上，沿行向生长而新梢与横梁方向平行生长，均匀绑于铅丝上，一部分新梢自然悬垂。T形架立柱间距5米，立柱高1.5米，行距2.5米，T形架葡萄的新梢、叶面、果实全部重量悬

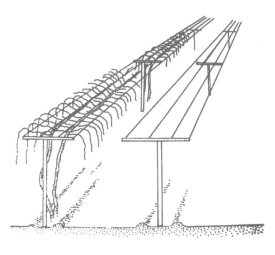

图4-7　T形架

于两立柱间架面上，架面所承担的下垂重量比篱架重，特别是T形横梁。要求木制横梁直径应达10厘米，如用金属制品做横梁，圆管直径达6厘米以上，横梁长为1.2米。此种架式夏季修剪管理较为方便（图4-7）。

（4）V形架　V形架属于宽顶篱架的一种改形。

基本架式：在单篱架支柱的中部和顶部各加一道横梁，顶端横梁长90～110厘米，下端横梁长45～60厘米，在距地面80～120厘米的直立支柱上拉1道铅丝，在横梁的两端各拉一道铅丝，共2个横梁、5道铁丝（图4-8）。

适应范围：单干（单龙蔓）双臂形、单干（单龙蔓）单臂形。

特点：受光面增大，新梢留量较多，结果部位较高且一致，通风透光，病害较轻，产量较高，果实品质好（图4-9）。

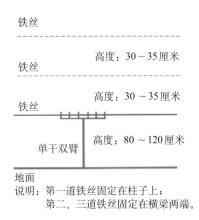

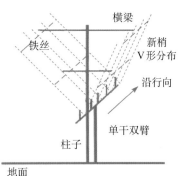

图4-8　V形架

图4-9　V形架

2.棚架　生产中常见的有大棚架、小棚架和棚篱架。棚长7米以上为大棚架,7米以下架长的棚架成为小棚架。小棚架以4～6米为宜,易早期优质、丰产。

(1) 大棚架　架长10米以上,每隔4米左右设立一根中间立柱,架基部(靠近植株栽植处)高约1米,前端高2～2.5米,中柱高度也随之从基部向端部逐渐升高。在立柱上设横杆,在横杆上沿行向每隔50厘米拉一道铅丝,形成倾斜式棚架面。大棚架常用架形有倾斜式和水平式。大棚架适用于山坡地和庭院,多用于栽植生长势强的品种(图4-10)。

图4-10　水平式大棚架

（2）小棚架　一般架长4～6米，生产上常用小棚架（图4-11至图4-13）。

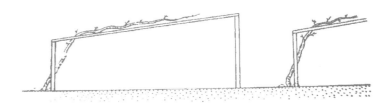

图4-11　倾斜小棚架

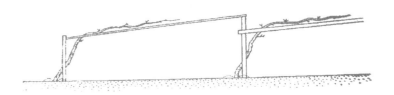

图4-12　连叠式倾斜小棚架

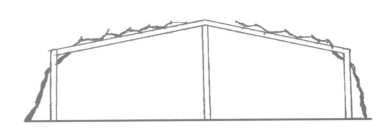

图4-13　屋脊式棚架

（3）棚篱架　相当于在单篱架外附加一小棚架。架长4～5米，单篱架高约1.5米，棚架前端架高2～2.5米，与单篱架相连形成倾斜棚面，植株在篱架上形成篱壁后还可以继续向棚面上爬，可有效的利用空间，增产潜力大，但篱架面的通风透光性下降，易出现上强下弱的现象。棚架的第一道铅丝与立柱高低保持30～40厘米的距离，使枝蔓从篱架面向棚架面生长时有一定的倾斜度。

（三）整形和修剪

通过合理的整形修剪，可以调节生长和结果的关系，调节树体营养、水分的供应及光照条件，达到连年优质、高产、高效。

1.整形修剪的原则

（1）品种特性　每一个品种都具有特有的生长和结果习性，在整形修剪时遵循品种特性，合理修剪。对生长势强的品种如巨峰系品种、牛奶、龙眼等品种，应适当稀植，采用较大株型；对生长势较弱的品种如一些欧洲种品种，可适当密植，采用较小株型。

（2）栽培地区的自然条件　冬季不需埋土，夏季高温高湿、病虫害滋生严重的地区，宜采用有较高主干的整形方式；北方冬季需埋土防寒地区，采用无主干多主蔓的整形方式，便于下架埋土。

（3）土壤肥水条件好、栽培管理水平较高的地区　采用高产整形，否则，应选择负载量较小的整形修剪方式，以免造成树形紊乱或树体衰弱。

（4）栽培用途　用于酿酒原料或机械采收不宜用棚架，必须采用篱架规则树形。

2.主要整形方式

（1）无主干整形

1）多主蔓自然扇形　在北方埋土区使用较多。每株留多个主蔓，在每个主蔓上再分生侧蔓或直接着生结果枝组，使其在架面上呈扇形分布。栽植密的或单篱架可采用2～4个主蔓，主侧蔓之间保持一定的从属关系。多采用长、中、短梢结合，以中、短梢为主的冬季修剪方法，以枝条强弱来确定结果母枝的长短。稀植或双篱架、棚架可留更多主蔓。在选留结果母枝时，应适当疏去一部分植株上部的强壮枝条，以利中下部枝条正常生长；上部强枝结完果后，应及时回缩更新（多主蔓自然扇形修剪后如图4-14所示）。

整形方法：定植当年从植株基部选留数个健壮新梢留作主蔓，冬剪时每一主蔓剪留50～60厘米（第一道铅丝附近）。第二年春天再在每一主蔓上选留2～3个新梢作为侧蔓或直接作结果母枝。

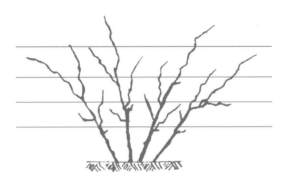

图 4-14　多主蔓自然扇形

2）多主蔓规则扇形　配置较严格的结果枝组，每个枝组上选留一个结果母枝和一个预备枝；结果母枝要求生长健壮、成熟良好，作中短梢修剪，一般剪留 2 ～ 4 节（视枝条的强弱和植株的负载量而定）。结果母枝上发出的新梢作结果枝，结完果后，一般应从结果母枝的基部剪去。预备枝要求短剪，一般剪留 2 ～ 3 节，其位置应在结果母枝的下方。预备枝上发出的新梢，留 2 个新梢，一为结果，一为预备，冬剪时仍一长（上方）一短（下方）修剪，形成新的结果枝组和预备枝（图 4-15）。

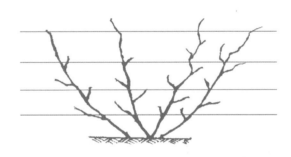

图 4-15　篱架多主蔓规则扇形

3）篱架水平形整枝　对于生长势旺的品种，宜采用水平整形。主蔓水平引缚于铅丝上，单层或多层，单臂或双臂均可，多用于篱架，易控制树势，便于管理。定植当年在植株基部选 1 ～ 2 个新梢培养成主蔓，冬剪时留 1.5 ～ 2 米。第二年春天水平引缚到铅丝上，单臂的向一个方向引，双臂的向左右两侧对称引，多层的则均匀摆布于各层铅丝的两侧。主蔓上每隔 10 ～ 15 厘米留一个新梢结果，其余全部除掉。所留新梢冬剪时均留 2 ～ 3 芽短剪，作为下一年的结果母枝，以后每年短剪（图 4-16）。

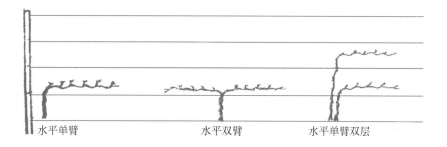

水平单臂　　　　　　水平双臂　　　　　水平单臂双层

图4-16　篱架水平形整枝

4）龙干形整枝　北方地区葡萄棚架栽培中传统整形方式。植株留1个至多个粗龙干，由地面顺棚架向上爬，在龙干上均匀分布结果母枝组，结果枝每年短剪（1～2芽），只有龙干先端的延长枝长剪（6～8芽）。有些老产区用二三条或多条龙干，龙干之间的距离约为50厘米，如果肥水条件好，或生长势强的品种，龙干间的距离可以增大到60～70厘米或更大。在培养龙干时，为了防寒埋土和出土方便，要注意龙干从地面引出时在基部30厘米以下部分的龙干与地面的夹角应在20°以下，避免龙干基部折断，龙干基部的倾斜方向应与埋土方向一致。龙干形整枝方法也可以用于篱架，每一植株留1个至多个主蔓，每个主蔓依"一条龙"方式整形，主蔓之间的间距50厘米左右，每一主蔓上留结果母枝的多少依龙干的长短而定，每隔20～25厘米留一个结果枝组（图4-17）。

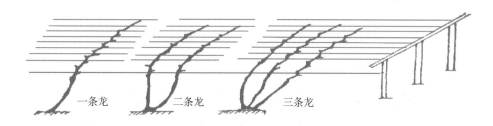

一条龙　　　二条龙　　　三条龙

图4-17　龙干形葡萄植株

（2）有主干整形　主干较高（一般80厘米以上），植株在篱架横断面上叶幕较宽（1.5米左右），行距较宽2.3～3.5米，植株当年生长的新梢，不用引缚而自由悬垂生长。优点：新梢自由生长，不用引缚，省工、节约架材；通风透光好，不易染病；产量稳定，且品质好。常见的树形有双臂水平龙干形、伞形、H形、X形等。

1）双臂龙干形　定植当年选留一个健壮新梢，插支棍直立牵引，冬剪时在1.5米左右处短截作主干（剪口粗应在0.8～1厘米，否则若过弱，应重新对其留2～3芽短剪，第二年再培养主干）。第二年在主蔓顶端选2个新梢，向两侧水平引缚于第一道铅丝上，每个新梢长至株距的一半左右时摘心。冬剪时在摘心处短截形成双臂龙干。第三年在双臂龙干上每隔10厘米留一个新梢结果，冬剪时留2～3芽短剪作结果母枝，结果母枝的间距应为20～30厘米。以后每年在每一结果母枝上留2个结果枝，结果枝都任其自然下垂，也不需打尖和摘心，冬剪时短剪（图4-18和图4-19）。

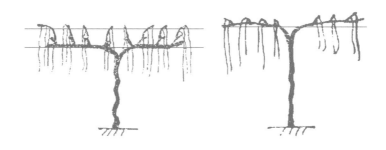

图4-18　双臂龙干形

图4-19　双臂龙干行

2）H形　架式为T形架，架高2米，横杆宽1.44米。每一植株培养2个主干，沿顶端铅丝分别向左右形成两条龙干（沿行向），在龙干上均匀配置结果枝，枝条留1～3个芽短剪。第一株的两条龙干向T形架的一侧分布，第二株的两条龙干向T形架的另一侧分布，所以植株的两臂伸展的空间很大，新梢自由悬垂向下生长，在左右两侧形成两道垂帘，便于机械化管理，而且优质丰产（图4-20）。

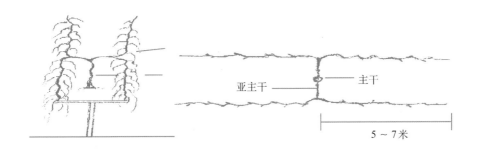

图4-20　H　形

3）X形　较适用于水平连棚架，是日本栽培巨峰葡萄常用的一种树形，近年在我国南方多雨地区开始采用。有成形快、棚面利用率高、稳产、优质等优点。多采取中长梢修剪。具结果过多易导致树体早衰等缺点。

定植时，将苗木截留30～40厘米，当年在顶端选一个健壮新梢，立支柱直立引缚，培养成主干。当新梢长1.5米以上时摘心，使其发出副梢。只留先端离架面30～50厘米处的两个副梢，其余的全抹掉。将这两个副梢向对应的两个力向引缚，第一副梢将来延伸为第一主蔓，第二副梢将来延伸为第二主蔓，两个主蔓的长势和粗度在第一年以7：3为好，以后逐年培养并维持成6：4左右。如果没有合适的副梢，也可在第二年再培养主蔓，当年只培养出主干。冬剪时于成熟节粗0.8～0.9厘米处短截，适当留3～5个临时枝结果。第二年在第一二主蔓上离主干1.5～2.5米处选留健壮新梢将来培养成第三四主蔓，分叉角度以100°～110°为宜。注意由于上部枝条容易徒长，应注意第一二主蔓的长势分配。第一二主蔓除延长头外，其余新梢留10片叶摘心，新梢上副梢留1片叶摘心，所有枝条都引缚在平网上。冬剪时每一主蔓上各留2～3个枝条。以后逐年在4个主蔓上配置侧蔓和枝组。每个主蔓上配2～3个侧蔓，在主、侧蔓上左右交替着生枝组（图4-21）。

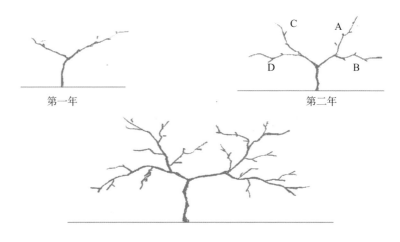

图4-21　X　形

（四）冬季修剪

在埋土防寒地区，冬季修剪一般在下架以前完成（11月上旬）。不埋土地区，整个休眠期都可以修剪，但过早修剪，树体耐寒性降低；过晚伤流，一般在早春伤流开始前1个月左右完成为好。

1.剪留长度　按结果母枝的剪留长度分为极长梢（12芽以上）、长梢（8～11芽）、中梢（4～7芽）、短梢（2～3芽）、极短梢（1～2芽）修剪。生产上多采用长中短梢结合修剪的方法。传统的独龙干形整枝方式多采用短梢修剪；规则扇形则应是一长一短。在实际应用中，应根据枝条的势力、部位、作用、成熟情况等决定其剪留长度。原则上强枝长留，弱枝短留；端部长留，基部短留。此外，还必须考虑树形和品种特性等。一些结实能力强的品种如玫瑰香，基部芽眼充实度高，可采用中短梢修剪，而对生长势旺、结实力低的品种如龙眼应多采用中长梢修剪。

2.结果母枝的留枝量　根据品种不同，可以采取冬剪时稍多留、生长季再定新梢数量或在冬剪时一次定母枝数量的方法。结果母枝的数量根据品种的结果习性、与当地气候条件是否有晚霜危害、目标产量、栽植密度等诸多因素加以推算。

3.枝蔓更新　结果母枝的更新一般采用双枝更新和单枝更新两种方法。

（1）双枝更新　两个结果母枝组成一个枝组，修剪时上部母枝长留，翌年结完果后去掉，基部母枝短留作预备枝，翌年在其上培养一两个健壮新梢，继续一长一短修剪，年年如此反复，保持植株结果枝数量和部位相对稳定（图4-22）。

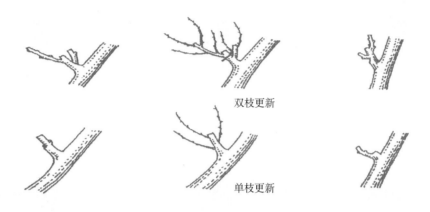

双枝更新

单枝更新

图4-22　结果母枝的更新

（2）单枝更新　不留预备枝，只对一个结果母枝修剪，翌年再从其基部选一个新梢继续作结果母枝，上部的枝条则全去掉。生产上行中短梢修剪时一般多采用单枝更新方法，但行中长梢修剪时，应注意在基部留预备枝。

（3）老蔓的更新　从植株基部的萌蘖枝或不定枝中选择合适的枝条预先培养，再逐步去掉需更新老蔓，用新蔓取而代之。注意不能一次更新过多大蔓，可逐年进行。

五、土肥水管理技术

（一）土壤管理

　　土壤管理制度有清耕法、生草法、间种法、覆盖法等，生产上可交替或多重并用。

　　1. 清耕法　葡萄园中不间作其他作物，生长季节有3～4次中耕，在坡地及降雨多且强度大的地方要避免过多清耕（图5-1）。

图5-1　清耕法

2. 生草法　葡萄行间不进行耕作，选择生长低矮但生物量较大，覆盖率高，须根性为主，无粗大主根或主根分布浅，没有与葡萄相同的病虫害，耐阴、耐践踏的草种生草，或是利用葡萄园自然杂草或播种矮生禾本科、豆科等植物，每年定期收割，就地覆盖或作为绿肥埋土回田（图5-2）。

图 5-2　生草法

3. 覆盖法　利用地膜、作物秸秆等覆盖地面（图5-3和图5-4），减少地面蒸发，抑制杂草生长，作物秸秆分解后成为有机质，提高土壤肥力。因覆盖后，土壤温、湿度适宜根系的生长，易使葡萄根系上浮，降低葡萄抗寒性。

图 5-3　地膜覆盖

图5-4 秸秆覆盖

4. 间作法 间作可提高葡萄园经济效益，特别是幼龄期经济效益。间作物要选植株矮小，生育期短，与葡萄无共同病虫害，不与葡萄产生剧烈水养竞争，有较高经济价值的作物。常用间作物有草莓、西瓜、甜瓜、花生、苜蓿、加工番茄及各种叶菜类蔬菜等（图5-5）。

5. 深翻土壤 每隔3年，初秋在距离根系密集分布区的边缘进行深翻，深度最好达到根系密集分布区以下，结合施入腐熟的有机肥。

图5-5 间作法

（二）施肥技术

葡萄园施肥主要有基肥、追肥和叶面喷肥。

1. 基肥

（1）施肥时间及种类 以秋施为主，也可在春季出土上架后进行，在采收后1周开始施用基肥。基肥以有机肥为主，可使用各种腐熟的农家肥和商品性有机肥。对葡萄来说羊粪是有利于提高品质的有机肥，鸡粪的氮素含量最高。

（2）施肥方法　采用穴施、沟施、环状或放射状施均可。

沟施：每年在栽植沟两侧轮流开沟施肥，并且每年施肥沟要逐渐外扩。棚架栽培葡萄一般离植株基部50～100厘米，挖宽、深各40厘米左右。篱架栽培葡萄要求施肥坑距葡萄40～50厘米，施肥坑深40～50厘米，宽30～50厘米，可以根据基肥的数量确定。每年改变施肥坑地点，3～4年在葡萄植株四周完成循环1次（图5-6和图5-7）。

图5-6　沟　施

图5-7　施肥后覆土

穴面撒施：可先把穴面表土挖出10～15厘米厚一层，然后把肥料均匀撒入池面，再深翻20～25厘米厚一层，把肥料翻入土中，最后用表土回填。也可把腐熟的优质有机肥均匀撒入穴面，深翻20～25厘米。

（3）施肥量　以果产量定有机肥施用量可按1：2施肥，即1千克果施2千克有机肥。亩产3 000千克的葡萄园，腐熟的有机肥每亩需6 000千克，商品性有机肥一次不宜少于5 000千克。将肥料均匀施入沟内，并用土拌好，然后回填余土，施肥后灌水。

2. 追肥　追肥方法分为土施追肥和根外追肥（叶面喷肥）两种。

（1）追肥时期　根据树体的需求一般葡萄园分为5个时期追肥，对于保肥性差的土壤、坡地、降雨量大的地区建议少量多次。

萌芽前：以速效性氮肥为主，配合少量磷、钾肥。

新梢旺盛生长期：约在萌芽后20天，以施速效性氮、磷为主，配合施适量钾。易落花的品种不宜在花前追施氮肥。

幼果期：平衡施用各种养分，不仅要补充氮、磷、钾，而且要补充中微量元素。

浆果转色至成熟期：此次应以施钾肥为主，配合施磷肥，一般不施氮肥。

采后肥：施基肥或加施葡萄专用复合肥。结合灌水使树势恢复，增加树体贮藏营养。

（2）追肥方法

1）土施追肥　施肥方式宜沟施，前期浅，后期深。任何时候均避免表面撒施。氮肥（尿素等）可在池内两株葡萄间开浅沟把肥料施入，覆土后立即灌水。或在下雨前将肥料均匀撒在池面上，肥料遇雨水溶解进入土壤中。磷、钾肥由于在土壤中不易移动，应尽量多开沟深施。另外葡萄园还可追施人粪尿或鸡粪，随灌水流入池面内，既省工又施肥均匀，利用率高，并有改良土壤作用。

2）叶面喷肥　除土壤追肥外，也可进行叶面追肥。尿素、磷酸二氢钾等常用浓度为0.3%～0.5%。喷施时间以无风的早晨和傍晚为好，避开高温高光照时段，防止喷施溶液蒸发过快，引起伤害；喷施重点是叶背，以利于吸收。在施肥量大的葡萄园适当减少土壤施肥，增加叶面喷肥。

（3）追肥量　有机肥施用量充足的情况下，氮、磷、钾等大量元素化肥的施用量：每100克混入过磷酸钙1～3千克，随秋施基肥施入土壤深层。其他速效化肥按每100千克果全年追施1～3千克。有机肥质量好，可控制在100千克果全年追施1千克以下。

3.肥料种类

（1）氮肥　选择氮素化肥要考虑土壤酸碱度，在酸性土中尽量避免铵态氮，碱性土里不宜长期使用硝态氮，在中性土壤上建议两种类型的氮搭配使用。叶片喷肥以尿素和硝酸钙交替使用，不要长期使用一种肥料。尿素是目前使用最多的氮化肥。

（2）磷肥　传统的磷肥是过磷酸钙，目前很少能买到优质的过磷酸钙。磷酸二铵是优质磷肥，含磷高达46%，含氮18%左右，因此使用磷酸二铵要减少其他氮肥的用量。

（3）钾肥　目前葡萄生产中大量使用硫酸钾，在酸性土壤上过量使用往往导致土壤酸化；硝酸钾既是钾肥，也是氮肥，可以交替使用。此外，由于葡萄枝叶和作物秸秆及杂草中含有大量的钾元素，建议将枝叶、杂草破碎直接还田或循环利用后还田，以增加钾源。

（4）有机肥　主要来源于动植物有机体及动物排泄物，经微生物腐熟后形成。有机肥发酵前混有病菌、虫卵、草籽等，必需充分腐熟才能使用（图5-8）。

图5-8　有机肥发酵

（三）葡萄园灌溉

1.灌水时期　一般葡萄园灌水根据葡萄年生命周期对水分的需求，结合土壤水分状况进行灌水。

（1）催芽水　北方埋土防寒葡萄生产区，一般春季、初夏土壤往往较干旱，在葡萄出土后，马上灌肥水。灌水量以湿润50厘米土层即可。长城以南轻度埋土区，在葡萄出土前后、早春气温回升后，顺取土沟灌1次水，防止抽条。南方非埋土区应视降雨情况在萌芽前灌好催芽水。

（2）开花前灌水　一般在开花前5～7天进行，促进新梢的生长。从初花期至末花期的10～15天时间内，葡萄园应停止供水，否则会因灌水引起大量落花落果，出现大小粒及严重减产。

（3）浆果膨大期灌水　从开花后10天到果实着色前这段时间，果实迅速膨大，枝叶旺长，外界气温高，叶片蒸腾失水量大，植株需要消耗大量水分，一般应隔10～15天灌水1次。只要地表下10厘米处土壤干燥就应考虑灌水，以促进幼果生长及膨大。

（4）浆果着色期控水　从果实着色后至采收前应控制灌水。如果灌水过多或下雨过多，将影响果实着色、延迟着色，或着色不良，降低品质和风味，也会降低果实的贮藏性。此期如土壤特别干旱，忌灌大水，避免裂果。

（5）采收后灌水　在采收后应立即灌1次水，此次灌水可和秋施基肥结合起来，可延迟叶片衰老，促进树体养分积累和新梢及芽眼的充分成熟。

（6）秋冬期灌水　东北地区的葡萄在冬剪后埋土防寒前应灌1次透水，保证植株安全越冬。对于沙性大的土壤，严寒地区在埋土防寒以后当土壤已结冻时最好在防寒取土沟内再灌1次封冻水，以防止根系受冻，保证植株安全越冬。

2.灌水方法　目前生产上灌水主要采取沟灌或畦灌，每次灌水量以浸湿40厘米土层为宜，因此灌水前要整理池面，修好池埂，防止跑水。现代化的滴灌（图5-9）、渗灌、微喷已开始在葡萄园应用，对提高产量和品质、节约用水起到良

图5-9　滴　灌

图5-10　葡萄园水分过多

好作用，应大力推广应用。

3. 排水　葡萄园水分过多会出现涝害（图5-10），在地势低洼、土壤黏重或降雨量较大的地区，需要在葡萄行间和四周建立排水渠道，将多余水分排出，保证葡萄正常生长。对于多雨的南方地区或北方低洼盐碱地的葡萄园，如没有三级排灌系统，则不能种植葡萄。

（四）葡萄水肥一体化

肥料必须要溶解于水后根系才能吸收，不溶解的肥料是无效的。水肥一体化技术满足了"肥料要溶解后根系才能吸收"的基本要求。在实际操作时，将肥料溶解在灌溉水中，由灌溉管道输送到田间的每一株葡萄的根区，葡萄在吸收水分的同时吸收养分，即灌溉和施肥同步进行。广义的水肥一体化就是灌溉与施肥同步进行，狭义的水肥一体化就是通过灌溉管道施肥。水肥一体化技术，在促进葡萄长势均匀、简化农事操作、节省肥料投入、提高肥料利用率等方面效果明显。

六、花果管理技术

（一）保花保果主要措施

1. 增施速效肥　花前改为花后施氮可提高坐果率。一般在6月份每亩施尿素20～30千克（分2次施），对于防止巨峰葡萄落花落果、促进丰产稳产有明显的效果。

2. 控制留果量　通过疏果可保持合理的叶果比（20～30∶1左右），有足够的叶面积制造养分，既可供应果实发育，又可供应花芽分化。

3. 花前重摘心　诱导营养流向花序，暂时使新梢不与花序发生养分竞争，增加花序的养分，以达到减少落花落果的目的（图6-1）。

图6-1　摘　心

4.花期喷硼　将硼砂1～2千克掺入有机肥中作基肥施用为最好，也可在葡萄的花蕾期、初花期和盛花期各喷1次0.2%的硼砂，促进花粉管生长，提高受精率和坐果率。

5.花前环剥　对结果母枝进行环状剥皮（环剥宽度3～5毫米），暂时阻止营养向下输送而流向花序（图6-2和图6-3）。

图6-2　环　剥　　　　　　　图6-3　环剥后的树干

6.加强病虫防治　保持青枝绿叶，增强光合效率，提高树体营养水平。

7.降低地下水位　除了开深沟，注意排水外，还可每年挑稻秆泥，逐步增厚土层，或者在冬天挑河泥于排水沟中，待水沥干后，再出沟把河泥放在畦面上。三四年后可提高土层30～40厘米，将地下水位降到理想水平，即1米以下。

（二）葡萄疏花与花序整形

疏花序与花序整形是调整葡萄产量，达到植株合理负载量的重要手段，也是提高葡萄品质，实现标准化生产的关键性技术之一。鲜食葡萄每亩的标准产量应该控制在1 000～1 500千克。

图6-4　疏花序

图6-5　花序整形

1.疏花序

（1）**疏花序时间**　对生长偏弱坐果较好的品种，原则上应尽量早疏去多余花序，通常在新梢上能明显分辨出花序多少、大小的时候进行；对生长旺盛、花序较大、落花落果严重的品种（如巨峰以及其他巨峰系品种、玫瑰香等），可适当晚几天，待花序分离后能清楚看出花序形状、花蕾多少的时候进行疏花序（图6-4）。

（2）**疏花序要求**　根据品种、树龄、树势确定单位面积产量指标，定单株产量，然后进行疏花序。一般对果穗重400克以上的大穗品种，原则上短细枝不留花序，中庸和强壮枝各留1个花序。疏除花序应按新梢强弱顺序疏除（细弱枝→中庸枝→强壮枝）。

2.**花序整形**　花序整形是以疏松果粒、加强果穗内部通透性、增大果粒和提高着色率为主要出发点，达到规范果穗形状，利于包装和全面提高果品质量的目标（图6-5）。因此，花序整形已成为当前鲜食葡萄生产中不可缺少的一道工序，要求通过花序整形，使葡萄穗形成为整齐一致的短圆锥形或圆柱形等。对大穗形且坐果率高的品种（红地球、秋红、里查马特、龙眼、无核白鸡心等），花前1周左右先掐去全穗长1/5～1/4的穗尖，初花期剪去过大过长的副穗和歧肩，然后根据穗重指标，结合花序轴上各分枝情况，可以采取长的剪短、短的"隔2去1"（即从花序基部向前端每间隔2个分枝剪去一个分枝）办法，疏开果粒，减少穗重，达到整形要求（图6-6和图6-7）。

对巨峰等坐果率低的葡萄品种，花序整形时，先掐去全穗长 1/5 ～ 1/4 的穗尖，再剪去副穗的歧肩，最后从上部剪掉花序大分枝 3 ～ 4 个，尽量保留下部花序小分支，使果穗紧凑，并达到要求的短圆锥形或圆柱形标准（图6-8、图6-9）。对先锋、藤稔、京亚和巨峰等品种进行赤霉素处理时，除按上述花序整形标准执行外，保留的花序小分支宜少，因为赤霉素处理能提高坐果率，避免果穗过大、过紧。

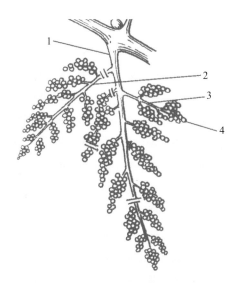

图6-6　花序整形前（红地球等）
1.花序轴　2.花序副穗　3.花序分枝　4.花蕾

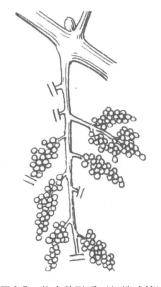

图6-7　花序整形后（红地球等）

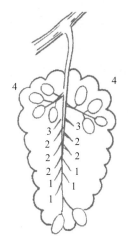

图6-8　花序整形前（巨峰等）
（图中数字为选留果粒个数）

图6-9　花序整形后（巨峰等）

（三）葡萄疏果与顺穗

1. 疏果（疏粒） 根据产量指标、穗重指标和坐果好坏，疏掉多余的、坐果差的果穗，然后针对每一个果穗具体疏果。疏果时间一般在花后2～4周，果粒达到黄豆大小，早疏果对浆果膨大有益。操作中首先疏除畸形果、无核果（呈圆形、果柄细、小粒果）与小果，然后根据穗形和穗重的要求，选留大小均匀一致的果粒。同时为了使果粒排列整齐美观，要选留果穗外部的果粒。不同品种疏果标准不同，如红地球葡萄单穗重700～800克，单粒重12克，每穗50～60粒；巨峰葡萄每穗留果35粒，单粒重10～11克，单穗重350克左右（图6-10、图6-11）。

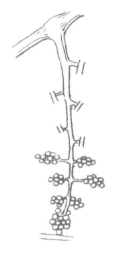

图6-10 巨峰葡萄疏果

图6-11 疏果后挂果状

2. 果穗顺穗摆位　葡萄坐果后要认真检查果穗在架上的位置，发现夹在钢丝线、绳索、枝蔓或叶柄等中间的果穗，必须及早解除出来，顺直当空，对于因枝叶遮阴较深的果穗，要进行人工转位作业，每隔 3 ～ 5 天把果穗转位 1 次，使果穗四面见光，果面均匀着色。

（四）葡萄果穗套袋或"打伞"

1. 葡萄套袋

（1）葡萄果实袋的选择

材质要求：专用纸原料做的果实袋，纸张通过驱虫防菌处理，纸质牢固，经得起风吹、雨淋、日晒等考验，在整个生长季不破不裂。

根据区域选择果袋：我国葡萄栽培区域气候类别差异大，应根据当地的降雨量、光照和大风等不良气象因素因地制宜的选择果袋，不能千篇一律。西北干旱地区，海拔高、紫外线强度大，应选择防日灼的果袋类型；南方高温、高湿及台风频发区，葡萄病害严重，应选择强度好的果袋类型；环渤海湾地区，年降雨量在500 ～ 800毫米，但主要集中在7、8月份，也应选择抗风雨的果袋类型等。

图6-12　不同类型的果袋

根据品种选择果袋：依据不同品种果穗大小选择果袋类型。不同品种根据其果穗大小、果实着色特点及对日烧的敏感程度形成各品种专用袋，如巨峰、红地球专用袋等（图6-12）。

（2）葡萄套袋技术

1）套袋前必须对果穗喷洒杀菌和杀虫剂，防止病、虫在袋内为害。喷药后待药液晾干后，及时套袋（图6-13）。

2）套袋前对葡萄果穗周围的营养枝和副梢应尽量多留，借用其对套袋果实进行遮阴，以利葡萄幼果逐渐适应袋内高温多湿的微气候。套袋15天后，视果实生长情况逐渐稀疏套袋果穗四周的遮阴葡萄枝叶。

图6-13　葡萄套袋

3）套袋时期，南方多雨地区宜早不宜晚，套袋通常在谢花后2周坐果稳定、疏果结束后，应及时进行（幼果如黄豆大小）。长江以南地区在6月上、中旬进行。西北干旱地区、高海拔地区可适当推迟到着色前。棚架下遮阴果穗宜早不宜晚，篱架和棚架的立面果穗因阳光直射，应适当推迟套袋。套袋应在10：00以前或16：00以后进行。

4）套袋时打开果实袋，口朝上，将果穗前部顺入袋内，果实袋逐渐上提，直到果穗全部装进袋后，用铁丝牢挂于果梗或结果枝上。

5）套袋前应灌1次透水，以降低葡萄架下温度。

6）套袋后要经常检查套袋效果，发现问题及时处理。

7）需要摘袋才能达到着色要求（或需要2次套袋）的品种，应在开始着色期摘袋或换袋，并进行果穗周围摘老叶和果穗转位等工作，以利于果穗均匀着色。

2. 葡萄"打伞"　葡萄"打伞"材料是白色透明普通木浆纸，根据果穗大小的差异，长宽规格不同，合理选择。果穗"打伞"在保护地栽培中应用比较多，且多在果实发育中后期应用（图6-14）。

图6-14　葡萄"打伞"

（五）应用生长调节剂

1. 拉长花序　新梢长至6 ~ 7叶，用赤霉素浸蘸已呈现的花序，使花序拉长（图6-15）。

使用浓度：国产赤霉素以5毫克/升为宜，美国奇宝以30 000 ~ 50 000倍液为宜。

处理时间：萌芽后25天左右，花前20天左右，新梢6 ~ 7叶为使用适期。

配套措施：花序拉长剂必须先少量试用，掌握了相关配套的技术后，才可逐步推广，切不可盲目应用。

2. 果实膨大处理

（1）膨大剂的选择　目前国内膨大剂按成分分为3类：一类是吡效隆；一类是以赤霉素、吡效隆等为原料复配而成；还有一类是主要用于无籽葡萄品种的赤霉素。

图6-15　赤霉素浸蘸花序

应选用以发酵工艺生产的植物生长调节剂为原料的膨大剂。以化学合成的植物生长调节剂为原料的膨大剂在绿色食品生产中禁止使用，如吡效隆（图6-16）。

温馨提示

注意合理使用，不应盲目追求大果粒，过大可能会影响口感。

图6-16　果实膨大剂处理和未处理对比

（2）使用方法

京亚（欧美杂种）：一般使用2次。第1次在生理落果开始期，即早开花的穗开始生理落果时全园处理；第2次在生理落果后6～7天（一般天气在第1次处理后11～13天）。可获得保果和增大果粒双重效应，使果穗重达500克以上，粒重7～9克。可稳定产量，提高效益。

无核白鸡心、优无核、汤姆逊无核、大粒红无核、红宝石无核等欧亚种无籽品种：可用1次，也可用2次。使用1次的，在生理落果后7～9天；使用2次的，第1次应在生理落果后3～5天，第2次应在第1次处理后6～7天。可使果粒增大1倍左右，甚至超过1倍。

（3）相配套措施　减少留穗量，应按1 500千克/亩产量定穗；认真疏果，使粒有充分的膨大空间；增施膨果肥，视果粒膨大效果，酌情增施膨果肥。

3.葡萄无核化处理

（1）常用调节剂　赤霉素（GA₃）：一般开花前使用浓度为50～100毫

克/千克，盛花后处理浓度降低为25～50毫克/千克。链霉素（SM）：一般在开花前10～15天与GA₃混用，常用浓度为100～300毫克/千克。

（2）适宜无核化品种　先锋、巨峰、户太8号、京亚、甜峰、醉金香、藤稔等品种。

（3）处理方法　开花前和坐果后各处理1次，对玫瑰露、蓓蕾玫瑰A、红珍珠等品种，盛花前14天即花序下部2厘米处花蕾开始散开时，用100毫克/千克的GA₃溶液处理花序，然后在盛花后7～14天，再用100毫克/千克GA₃重复处理1次。其第1次处理的目的是诱导无核，第2次是使果实增大。

（六）鲜食葡萄的品质标准

1. **果穗和果粒美观**　果穗紧密适中，圆锥形或圆柱形，300克以上，色泽美观（紫色、黄色、绿色、红色）。果粒整齐一致，单果重8克以上（图6-17）。

图6-17　色泽美观的果穗

2. **果皮薄而韧**　果皮薄或皮虽厚韧但易剥离，果皮有果粉。

3. **果肉丰满**　果肉要紧脆或肥厚多汁，不黏滑，无肉囊。

4. **汁液丰富，风味好**　要求葡萄浆果含可溶性固形物16%以上，糖酸比在25～35。

5. **耐贮藏运输**　果皮较厚韧，穗轴紧韧不易断裂，果粒和果梗附着牢固，果皮、果梗和穗轴不易干缩，浆果耐压力在1.5千克以上。果刷长，耐拉力在300克以上。

6. **果粒无核**　无核，果粒中等，经处理可使果粒平均单果重7～9克。

七、防灾减灾

影响葡萄生产的自然灾害性天气主要有冬季冻害、霜冻和冰雹、干热风、鸟害等。

（一）冬季冻害

冻害的部位是根系、芽、幼叶、嫩梢，严重情况下枝蔓的韧皮部也可受到伤害（图7-1和图7-2）。

图7-1 冻 害

图7-2 新梢全部冻死

1. 葡萄发生冬季冻害的原因　葡萄冬季发生冻害的原因多种多样，主要因素可归纳图7-3所示，并摘要分述如下：

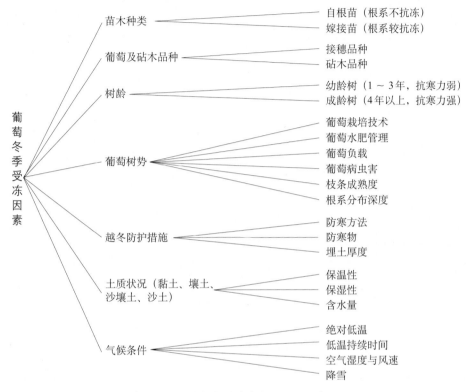

图7-3　葡萄冬季冻害主要原因示意图

2. 防止葡萄冻害的措施　提高葡萄抗寒能力和解决冻害问题主要从选择抗寒葡萄品种、提高葡萄树势和采取必要的防冻措施来解决（图7-4）：

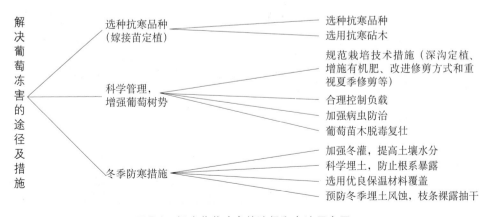

图7-4　解决葡萄冻害的途径和办法示意图

（1）推广葡萄嫁接苗定植技术　葡萄砧木根系的抗冻性远高于葡萄扦插苗的根系，葡萄砧木的使用，不仅可以大大提高葡萄根系的抗冻能力，而且还可以提高葡萄的抗逆性（抗旱、抗盐、抗渍），加强葡萄对水肥的吸收和利用，从而增强葡萄树势和产量。

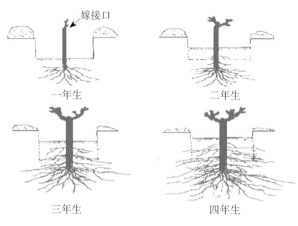

图7-5　葡萄深沟种植及其生长示意图

（2）采用深沟定植技术　葡萄深沟定植及其生长状况如图7-5所示。葡萄深沟定植后，经过几年生长和每年出土不彻底，但仍必须保证沟深20厘米以上，有利于节约灌水和冬季埋土防寒。

（3）科学合理施肥，规范化栽培管理　葡萄对氮、磷、钾的需求比例以1 : 1.5 : 1为好，搞好病害防治，合理负载。

（4）越冬防寒

沙埋或土埋防寒：先将冬剪的葡萄枝蔓顺沟同一方向捆扎好，采用机械或人工在葡萄树主干两侧1米以外的行间取土，不得离根部太近，以免造成根系冻害。防寒埋土的宽度（底宽）不能小于1.2米，上面呈弧形，厚度为0.5米，保证土层高出葡萄枝蔓0.2米以上，拍实，防止露风。沙土埋土应厚些。为防止冬春风蚀，可在地表向风坡扎一些稻草，以防冻害和抽干（图7-6）。

图7-6　土埋防寒

秸秆埋土防寒：先将冬剪的葡萄枝蔓顺沟捆扎好，在葡萄树主干四周用秸秆堆压0.2米，然后再用土埋压秸秆，埋土厚度为0.2米左右。

开沟埋土法：在行边离主干0.2～0.3米处顺行向开一条宽、深各0.3～0.4米防寒沟，将枝蔓放入沟中，然后用土掩埋，高出葡萄枝蔓0.2米以上即可。

塑料薄膜防寒：将冬剪后的枝蔓捆扎好，在枝蔓上盖麦秸或草0.25米以上，并添加少量土壤，再用塑料薄膜覆盖，四周用土培严，注意不要碰破塑料薄膜，以免冻害。

（二）霜冻

1. 霜冻的预防

（1）**灌水法** 在霜冻来临之前对葡萄实施漫灌，可有效降低霜冻。

（2）**喷水法** 对于小面积的葡萄园或具备喷灌条件的葡萄园采用喷水法防霜，效果十分理想。其方法是在霜冻来临前1小时，利用喷灌设备对葡萄不断喷水。

（3）**遮盖法** 利用稻草、麦秆、草木灰、杂草、塑料薄膜等覆盖葡萄，即可防止外面冷空气的袭击（图7-7）。

图7-7 遮盖法

（4）**熏烟法** 利用能够产生大量烟雾的柴草、牛粪、锯末、废机油等物质，在霜冻来临前半小时或1小时点燃。该方法的缺点是成本较高，污染大气环境，适用于短时霜冻的防止使用，实践证明效果良好。

（5）**加热法** 应用煤、木炭、柴草、重油、蜡等燃烧使空气和植物体的温度升高以防霜冻，是一种广泛使用的方法（图7-8）。

图7-8 加热法

（6）施肥法　在寒潮来临前早施有机肥，特别是用半腐熟的有机肥做基肥，可改善土壤结构，增强其吸热保暖的性能。也可利用半腐熟的有机肥在继续腐熟的过程中散发出热量提高土温。暖性肥料常用的有厩肥、堆肥和草木灰等。

（7）喷施防霜冻液　马齿苋水提取液100份，核酸0.002～0.1份，藻胶钠0.2～0.4份，葡萄糖0.8～1.6份，蔗糖1.6～3.2份，抗坏血酸1.6～3.2份，氯化胆碱（75%的水溶液）15～20份，甘油30～50份。该防霜冻液属天然制剂，无毒、无害、不污染环境，可直接喷洒于葡萄叶面、花、花芽，使用简便，有效防冻期可达10～20天。

2. 葡萄霜冻灾后补救　对新梢全部受害的葡萄，应将受害冻梢剪至有冬芽部位或平茬，迫使冬芽或副芽萌发结果；对中度受害者，将冻梢剪除即可。同时加强地下管理，每亩追施25千克尿素，追肥后3～5天灌水，或每亩追施50千克碳酸氢铵，立即灌水。并要进行松土，提高土壤温度，促使根系生长。另外，搞好叶面追肥，并要对葡萄进行药物保护，避免因冻害而引起的大面积病虫害发生。

（三）冰雹

图7-9　冰　雹

（1）根据各地区冰雹出现的气候规律，在冰雹多发地区尽可能避免种植葡萄（图7-9）。

（2）通过大力营造树林，绿化荒山秃岭，改善气候环境，可以降低冰雹的发生。

（3）建立防雹站预防。

（4）对于冰雹发生频繁的葡萄基地，可以通过搭建冰雹防护网来降低冰雹带来的损失，一般冰雹防护网在生长季搭建，葡萄采摘后收回放入库房，这样一个防护网可以使用多年。同时防护网的使用，还可以降低鸟害，达到双重目的。

（四）鸟害

为害状：早春，一些小型鸟类如山雀、麻雀、白头翁等啄食刚萌动的芽苞或刚伸出的花序，葡萄成熟时啄食果粒，有的将果粒叼走，鸟类啄食使果穗商品质量严重下降，并诱发葡萄白腐病等病害。

发生特点：鲜食葡萄品种鸟害要比酿酒品种严重。在鲜食品种中，早熟和晚熟品种中红色、大粒、皮薄的品种受害明显较重。套袋栽培葡萄园的鸟害程度明显较轻。树林旁、河水旁和以土木建筑为主的村舍旁，鸟害较为严重。在一年之中，鸟类活动最多的时节是在果实上色到成熟期，其次是发芽初期到开花期。在一天之中，黎明后和傍晚前后是两个明显的鸟类活动高峰期，麻雀、山雀等以早晨活动较多，而灰喜鹊、白头翁等则在傍晚前活动较为猖獗。

（1）铺设防鸟网　在果实开始成熟时，易发生鸟害（图7-10），此时应在果园周围铺设防鸟网（图7-11）。

图7-10　鸟　害　　　　　　　　　　图7-11　设置防鸟网

（2）果穗套袋　果穗套袋可防鸟、蜂等的危害。

（3）恐吓性驱逐　采用各种方式，如点放爆竹、播放鸟的"惊叫"和"鹰叫"等方式驱逐害鸟。

（4）采用棚架整形　在鸟害的常发地区，可尽量采用棚架栽培，并注意果园周围卫生状况，也能明显减轻乌鸦等鸟害的发生。

（五）干热风

（1）改变果园生产条件，兴修水利扩大灌溉面积，果园种草调节土壤温度、减少蒸发，是预防干热风的一项根本措施。

（2）套袋时间，尽量避开干热风对葡萄的危害时期（5月10日至6月10日），提前套袋幼果在袋内锻炼时间长，适应高温性强；推后套袋也可以避免产生日烧病。

（3）在栽培管理上，要精细作业，增施有机肥，多施磷、钾肥，适时灌水，促根系下扎，限制产量生产，使果树生长健壮；在修剪时要多留西南方向侧枝；疏果时多留内腔果，做到"叶里藏果"；注意病虫防治，保住叶片，增强抗御干热风的能力。

（4）适时灌水。在干热风来临前对葡萄园灌水，降低温度、增大湿度，减轻干热风的危害。

（5）叶面喷施0.3%磷酸二氢钾，有利于减轻干热风的危害。

（6）施硼、锌肥。可在50～60千克水中加入100克硼砂，在葡萄花期喷施。每亩喷施50～75千克0.2%的硫酸锌溶液，可增强葡萄的抗逆性，提高坐果率。

（7）施萘乙酸。在葡萄开花期喷施20毫克/千克浓度的萘乙酸，可增强葡萄抗干热风能力。

（8）喷洒食醋、醋酸溶液。用食醋300克或醋酸50克，加水40～50千克，可喷洒1亩葡萄，对干热风有很好的预防作用。

八、设施类型

（一）葡萄设施类型

设施栽培可有效调节葡萄生产期，规避风险，从而实现优质高产的目标。近年来，我国设施葡萄产业发展迅速，其中南方避雨栽培产区，北方大棚及日光温室促成栽培等产区，已经形成我国葡萄产业新的经济增长点。葡萄设施主要包括避雨棚、大棚及日光温室三种类型。

1. 避雨棚　葡萄通过避雨棚实现避雨栽培，能达到减轻病害发生的目的，使葡萄在高温高湿地区得以发展。避雨棚是我国南方葡萄栽培的主要设施类型（图8-1）。

2. 大棚　大棚是我国南北方广泛采用的设施类型。葡萄通过大棚栽培不仅能实

图8-1　连栋避雨棚

现避雨栽培，减轻病害发生，同时还能够有效调节产期，达到促早或延迟采收提高经济效益的目的（图8-2和图8-3）。

3. 日光温室　日光温室广泛分布于我国华北、东北及西北地区，是冷凉和寒冷地区冬季及早春利用光热资源实现促早及延后栽培葡萄的主要设施类型（图8-4）。

图8-2 大 棚

图8-3 连栋大棚

图8-4 日光温室

（二）品种选择

1. 促早栽培　无核白鸡心、夏黑无核、早黑宝、瑞都香玉、香妃、乍那、871、京蜜、京翠、维多利亚、藤稔、巨玫瑰、红旗特早玫瑰、火焰无核、莎巴珍珠、巨峰、金星无核、京亚、奥古斯特、矢富罗莎、红香妃、红双味、紫珍香、优无核、黑奇无核、布朗无核、凤凰51和火星无核等。

2. 延迟栽培　红地球、意大利、美人指、巨峰、达米娜、克瑞森无核和红宝石无核等。

3. 避雨栽培　矢富罗莎、奥古斯特、维多利亚、京亚、巨玫瑰、巨峰、藤稔、红萝莎里奥、红地球、夏黑无核、无核白鸡心、红宝石无核和莫莉莎无核等。

（三）园地选择

建园地要求背风向阳、周围没有高大遮阴物，多棚连片建园，前后棚之间应留8米左右的间隔，以避免相互遮阴和利于作业。

（四）高光效省力化树形和架形

1. 高光效省力化树形

（1）单层水平形　该树形适于需采用长梢修剪的品种。倾斜（适于需下架埋土防寒的设施）或垂直（适于不需下架埋土防寒的设施）的主干，日光温室从北向南（塑料大棚从中间向两侧）由80厘米逐渐过渡到40厘米，适于采用短小直立叶幕。

（2）单层水平龙干形　有一个倾斜（适于需下架埋土防寒的设施）或垂直（适于不需下架埋土防寒的设施）的主干，干高同单层水平形。在主干顶部沿篱架方向分出单臂或双臂，臂上均匀分布结果枝组，结果枝组间距20～30厘米。该树形适于需采用中短梢修剪的品种。

2. 高光效省力化叶幕形

（1）短小直立叶幕　新梢直立绑缚，间距10～20厘米；叶幕高度0.8倍行距，厚度2层；适于生长势弱的品种。适用于促早栽培模式、避雨栽培模式、延迟栽培模式。

图8-5 V形叶幕

（2）V形叶幕 新梢沿篱架方向向两边倾斜绑缚，与水平面呈30°～45°角，间距10～20厘米；叶幕长度1.2米左右，厚度1～2层。适于生长势中庸的品种（图8-5）。

（3）水平叶幕 新梢向一侧水平绑缚，间距10～20厘米；叶幕长度1.2米左右，厚度1～2层。适于生长势中庸或强旺的品种。

（4）"V＋1"形叶幕 更新梢直立绑缚，间距单层水平形与株距相同，单层水平龙干形与结果枝组间距同；非更新梢向两侧倾斜绑缚（与水平面呈30°～60°夹角），间距10～20厘米；叶幕长度1.2米左右，厚度1～2层。适于生长势弱或中庸的品种。

（5）"半V＋1"形叶幕 更新梢直立绑缚，间距单层水平形与株距相同，单层水平龙干形与结果枝组间距同；非更新梢向一侧倾斜绑缚（与水平面呈30°～60°夹角），间距10～20厘米；叶幕长度1.2米左右，厚度1～2层。适于生长势弱或中庸的品种。

（五）高效肥水利用

1. 施肥 重视萌芽肥（氮为主），追好膨果肥（氮、磷、钾合理搭配），巧施着色肥（钾为主），强化叶面肥（氨基酸系列叶面微肥），施肥量要根据土壤状况、植株生长指标的需求来确定。

2. 水分 从萌芽至开花对水分需求量逐渐增加，开花后至开始成熟前是需水最多的时期，幼果第1次迅速膨大期对水分胁迫最为敏感，进入成熟期后，对水分需求变少、变缓。

3. 控水控氮，增施磷钾肥 8月上旬始每半月叶面喷施1次0.3%硼砂和

0.3%磷酸二氢钾，直至10月上旬为止；每月土施1次果树专用肥，亩用量30千克，连施3次；9月上中旬将葡萄专用肥与腐熟优质有机肥混匀施入，每亩施腐熟优质有机肥5米³，并适当掺施硼砂、过磷酸钙等，施肥后立即浇透水。此期应适当控水，若土壤墒情好，一般不浇水；雨季注意排涝。

（六）休眠调控与扣棚

1. 解除休眠　在促早栽培中，一般采用人工预冷和化学药剂，使果树休眠提前解除，以便提早扣棚升温进行促早生产。

（1）人工预冷　前期（从覆盖草苫始到最低气温低于0℃止），夜间揭开草苫并开启通风口，让冷空气进入，白天盖上草苫并关闭通风口，保持棚室内的低温；中期（从最低气温低于0℃始至白天大多数时间低于0℃止），昼夜覆盖草苫，防止夜间温度过低；在后期（从白天大多数时间低于0℃始至开始升温止），夜晚覆盖草苫，白天适当开启草苫，让设施内气温略有回升，升至7 ~ 10℃后覆盖草苫。

（2）化学破眠技术　目前生产上广泛应用的是用石灰氮和单氰胺打破葡萄休眠。

石灰氮：将粉末状药剂置于非铁容器中，1份石灰氮对4份温水（40℃左右），充分搅拌后静置4 ~ 6小时，然后取上清液备用。在pH为8时，药剂破眠效果稳定。

单氰胺：单氰胺对葡萄的破眠效果比石灰氮好。在葡萄生产中，用含有50%有效成分的单氰胺水溶液——多美姿，使用浓度2.0% ~ 5.0%，一般在葡萄2/3的需冷量得到满足之后使用。使用单氰胺处理一般应选择晴好天气进行，气温以10 ~ 20℃最佳，气温低于6℃时应取消处理。处理时期不能过早，过早葡萄芽萌发后新梢延长生长受限。要避免药液同皮肤直接接触，生产者注意在使用前后1天内不可饮酒。

2. 延长被迫休眠　在延迟栽培生产中常采用人工加冰降温或利用冷库设施延长果树的休眠期。即在芽萌动前10 ~ 15天开始扣棚并覆盖草苫，在温室内加入冰块降温或将果树搬入冷库中或利用在温室内安装冷风机保持温室内的低温环境，使花期根据需要延迟30 ~ 90天开放。

3. 扣棚时间的确定　只有休眠解除后才能开始扣棚升温，否则过早加温会引起不萌芽，或萌芽延迟且不整齐，花序退化，浆果产量和品质下降等问题；其次还要考虑设施的保温能力、市场供求状况、劳动力安排，以及气候条件等因素。

（七）环境调控

1. 光照

（1）提高设施本身透光率　建造方位适宜、采光结构合理的设施；采用透光性能好、透光率衰减速度慢的透明覆盖材料并经常清扫。

（2）延长光照时间，增加光照强度，改善光质　正确揭盖草苫和保温被等保温覆盖材料并使用卷帘机等机械设备；后墙涂白、挂铺反光膜；人工补光；安装紫外线灯补充紫外线，采用转光膜改善光质等措施。

（3）改善光照　采用适宜架式和合理密植；采用高光效树形和叶幕形。

图8-6　温度调控

2. 温度　温度调控主要包括两方面的内容即气温调控和地温调控（图8-6）。

（1）气温调控

催芽期：缓慢升温，使气温和地温协调一致，促进花序发育。控制标准：第1周白天15～20℃，夜间5～10℃；第2周白天15～20℃，夜间7～10℃；第3周至萌芽白天20～25℃，夜间10～15℃。从升温至萌芽一般控制在25～30天。

新梢生长期：白天20～25℃，夜间10～15℃。从萌芽到开花一般需40～50天。

花期：白天22～26℃，夜间15～20℃。花期一般维持7～15天。

浆果发育期：白天25～28℃，夜间20～22℃。

着色成熟期：白天28～32℃，夜间14～16℃；昼夜温差10℃以上。

保温技术：优化棚室结构，强化棚室保温设计；选用保温性能良好的保温覆盖材料、多层覆盖；挖防寒沟；人工加温；正确揭盖草苫、保温被等保温覆盖物。

降温技术：通风降温，注意通风降温顺序是先放顶风，再放底风，最后打开北墙通风窗进行降温；喷水降温，注意喷水降温必须结合通风降湿，防止空气湿度过大；遮阴降温，这种降温方法只能在催芽期使用。

（2）地温调控 设施内的土温调控主要通过起垄栽培；建造地下火炕或地热管和地热线；挖防寒沟；在人工集中预冷过程中合理控温；秸秆生物反应堆等技术措施实现。

3. 湿度

（1）催芽期 此期空气相对湿度要求90%以上，土壤相对湿度要求70%～80%。

（2）新梢生长期 此期空气相对湿度要求60%左右，土壤相对湿度要求60%～80%为宜。

（3）花期 此期空气相对湿度要求50%左右，土壤相对湿度要求60%～70%为宜。

（4）浆果发育期 此期空气相对湿度要求60%～70%，土壤相对湿度要求70%～80%为宜。

（5）着色成熟期 此期空气相对湿度要求50%～60%，土壤相对湿度要求60%～70%为宜。

降低空气湿度技术措施：通风降湿；全园覆盖地膜；改传统漫灌为膜下滴灌或膜下灌溉；升温降湿；挂吸湿物降湿等。

喷水增加空气湿度。采用控制浇水的次数和每次灌水量来协调土壤湿度。

4. 二氧化碳

（1）增加CO_2浓度的方法 可通过增施有机肥；施用固体CO_2气肥；燃烧法；化学反应法；合理通风换气；二氧化碳生物发生器法等措施实现。

（2）施用时期 于叶幕形成后开始进行CO_2施肥，一直到棚膜揭除后为止。在天气晴朗、温度适宜的天气条件下于上午日出1～2小时后开始施用，每天至少保证连续施用2～4个小时。阴雨天不能施用。

（八）花果管理

1. 坐果率调控

（1）摘心 对生长势强的结果梢，在花前7～10天对花序上部进行扭梢，同时留5～6片大叶摘心（图8-7），可显著提高坐果率。花期浇水、坐果后摘

图8-7 摘 心

图8-8 疏 梢

心可显著降低坐果率。

（2）喷布硼、锌肥　花前10天对叶片和花序喷布氨基酸硼、氨基酸锌叶面肥，每隔7天左右喷1次，连喷2次。

（3）疏穗　谢花后10～15天，进行疏穗，3～4个新梢对应1穗，每新梢大约15片叶。

2.改善果实品质

（1）疏粒　疏掉果穗中的畸形果、小果、病虫果以及比较密挤的果粒，一般在花后2～4周进行1～2次。第1次在果粒绿豆粒大小时进行，第2次在果粒黄豆粒大小时进行。一般每亩产量控制在2 000千克左右。

（2）摘叶与疏梢　摘叶与疏梢可明显改善架面通风透光条件，有利于浆果着色，但摘叶不宜过早，以采收前10天为宜（图8-8）。

（3）环割或环剥　浆果着色前，在结果母枝基部或结果枝基部进行环割或环剥，可促进浆果着色，提前3～5天成熟，同时显著改善果实品质。

（4）挂铺反光膜　地温达到适宜温度后挂铺反光膜。

（5）充分利用副梢叶　设施栽培注意加强副梢叶片的保护，葡萄生长发育后期主要依靠副梢叶片的营养。

（6）扭梢　可显著抑制新梢旺长，促进果实成熟和改善果实品质及促进花芽分化。

（7）喷布氨基酸钾叶面肥　在浆果着色期每隔10天喷布1次氨基酸钾叶面肥。

（8）喷施氨基酸钙叶面肥　于幼果发育期至果实成熟期每10天1次喷施氨

基酸钙叶面肥、氨基酸硒叶面肥。

（九）连年丰产

主要采取的更新修剪方法：短截更新、平茬更新和压蔓更新、超长梢修剪三种更新修剪方法，其中短截更新又分为完全重短截更新和选择性重短截更新两种方法。

1.重短截更新

（1）完全重短截　收获期在6月初之前的葡萄品种如夏黑等可采取完全重短截与重回缩相结合的方法。于葡萄采收后，将预留作更新梢留1～3个饱满芽进行重短截，胁迫基部冬芽萌发，培养为翌年的结果母枝。

（2）选择性重短截　收获期在6月初之后的品种如红地球等，可采取选择性重短截的方法。选留部分新梢留5～7片叶摘心，培养更新预备梢。重短截更新时，只将更新预备梢留1～3个饱满芽进行重短截，逼迫冬芽萌发新梢，培养为翌年的结果母枝。采用此法更新需配合相应树形和叶幕形，树形以单层水平形和单层水平龙干形为宜；叶幕形以"V+1"形叶幕或"半V+1"形叶幕为宜。

（3）修剪时间　揭膜时重短截逼发冬芽副梢长度不能超过20厘米，冬芽副梢能够正常成熟，一般剪口粗度在0.8～1.0厘米以上的新梢冬芽所萌发的新梢结果能力强。重短截时间越早，短截部位越低，冬芽萌发形成的新梢生长越迅速，花芽分化越好。重短截时间最晚不迟于6月初。

2.茬更新　葡萄采收后，保留老枝叶1周左右，使葡萄根系积累营养，然后从距地面10～30厘米处平茬，促使葡萄母蔓上的隐芽萌发，然后选留一健壮新梢培养为翌年的结果母枝。平茬更新时间最晚不晚于6月初，越早越好，过晚，花芽分化不良，严重影响翌年产量。因此，对于葡萄收获期过晚的品种不能采取该方法进行更新修剪。

3.压蔓更新、超长梢修剪　揭除棚膜后，在培养的预备结果母枝的新梢上选择1～2个健壮新梢（夏芽副梢或逼发的冬芽副梢）于露天条件下延长生长，将其培养为翌年的结果母枝，待延长梢长至10片叶左右时留8～10片叶摘心，在新梢中下部进行环割或环剥处理抑制新梢旺长。晚秋落叶后，对于揭棚膜后生长的新梢采取中短梢或长梢修剪，将结果母枝压倒盘蔓或压倒到对面行上串行绑缚。

九、采收与采后处理技术

（一）按品种的贮藏特性决定贮运保鲜期限

　　龙眼、巨峰、玫瑰香、红提、秋黑这5个品种比较耐贮藏，可贮藏4～7个月；木纳格、无核白、马奶、红富士和夏黑为中度耐藏的品种，可贮2～3个月。其他品种应根据实验决定其贮藏期限。所有葡萄品种在冷藏运输条件下，可满足20～50天的安全贮运期限。

（二）选择优质栽培果园采果

　　一般葡萄采后在国内即采即运流通情况下可放宽条件，但要中长期贮藏或出口国外远距离运输，必须严格按以下要求进行。

　　1. 选择适宜控产果园　一般红色品种选择产量控制在1 100～1 200千克/亩的果园采果；黑色品种选择产量控制在1 300～1 500千克/亩的果园采果。

　　2. 植物生长调节剂处理果实不耐贮　植物生长调节剂处理过分紧实的果穗易发生病害，适当拉长果穗缓减果穗过紧，但穗梗和果梗拉的太细，在贮藏过程易干枯死亡。无核化葡萄由于果刷变短而易脱粒影响贮藏效果（图9-1）。果实催红（熟）促进葡萄的落粒。一般建议贮藏用葡萄不可用激素处理。

图9-1　葡萄果实结构

3.采前病害防治到位　葡萄贮藏中病害主要有3种：葡萄灰霉病（图9-2）、葡萄青霉病和葡萄褐腐病。由于在田间生长期间病菌大量侵染潜伏在果实里，造成贮藏期发病。花前灰霉病侵染期的药剂预防，采前食品添加剂类型药剂的应用如葡萄采前液体保鲜剂、特克多（TBZ）浸穗等，可有效降低田间带菌量。

图9-2　灰霉病

青霉病病菌是弱寄生菌，发生侵染的部位通常是因为操作粗放、包装过紧或其他原因造成的果实伤口，病害的扩展主要与温度有关，在包装内温度高的条件下，病菌侵入果实后，可以很快地繁殖，并扩散到烂果接触的邻近果实上。

温馨提示

采前遇大雨或暴雨，采收期应推迟1周；采前遇中雨，采收期应推迟5天左右；如遇小雨至少也要推迟2天左右。采前10～15天应停止灌水。南方葡萄产区除了注意采前控制灌水外，还要加强田间排水。

（三）要搞好贮运设施的消毒

在每次贮运葡萄前必须对贮运设施进行彻底清扫，地面、货架、塑料箱等应进行清洗，以达到洁净卫生。同时要对贮运设施、贮藏用具等进行消毒杀菌处理。常用的杀菌剂及使用方法如下：

1.高效库房消毒剂　CT高效库房消毒剂，为粉末状，具有杀菌谱广、杀菌效力强，对金属器械腐蚀性小等特点。使用时将袋内两小袋粉剂混合均匀，按每立方米5克的使用量点燃，密闭熏蒸4小时以上。

2.二氧化氯　对细菌、真菌都有很强的杀灭和抑制作用，市售消毒用二氧化氯的浓度为2%。

3.漂白粉溶液 贮运设施消毒常用4%的漂白粉液喷洒。在葡萄贮藏期间结合加湿，也可喷洒漂白粉液。

（四）选择适宜成熟度，把好入贮质量关

1.适时采收 在北方一般贮藏中晚熟葡萄，采收期在9月中旬到9月底；在南方7～8月就可成熟采收。北方葡萄过晚采收易遇霜冻。南方葡萄在成熟后树上挂果时间长易过熟而产生脱粒，成熟度高时遇雨更易在树上发生裂果和腐烂。广西的二次葡萄过度晚采可遇霜冻而对葡萄贮藏效果产生不良影响。

2.保证质量 葡萄果粒可溶性固形物含量平均达到15%～19%以上的果穗入贮，具体要根据品种和产地而定，但至少要达到15%以上。口感要好，果穗松紧适宜，具有品种固有的外观特征和色泽风味。果粒的硬度、大小和颜色要均匀一致，果梗不能干缩，颜色至少达到黄绿色，无缺陷（无萎蔫、落果、日灼、水浸果、小果与干果），且无腐烂。

（五）要精细采收，严把采收环节

采收时间应在早晨露水干后或下午气温凉爽时，避免在雾天、雨天、烈日暴晒时采收。采收的果实要求无病虫危害。要轻采轻放，避免机械伤害，并对果穗进行修整和挑选。

（六）要进行单层装箱，搞好预包装和中包装

选用纸箱、塑料箱、泡沫塑料箱或木箱都可（图9-3和图9-4），装量最低2.5千克，最高10千克，纸箱装量应控制在4千克之内，塑料箱控制在6千克之内，泡沫箱控制在10千克之内。要单层装箱，最好采用单穗包装。采后短贮运输型箱内衬内包装，可使用密封袋或开孔袋，或仅使用衬纸，但长贮葡萄时必须使用密封塑料袋。采收时要在树上整理果穗，树上分级，一次性装箱。使用单层包装箱（或单层周转箱）、单果穗包装（如用带孔塑料袋，图9-5），轻采轻运。

图9-3 纸 箱

图9-4 塑料箱

图9-5 单果穗包装（带孔塑料袋）

（七）包装箱放保鲜剂进行防腐处理

由于CT2为长贮保鲜剂，SO_2释放较慢；CT5为短贮粉剂，SO_2释放较快。根据不同气候条件进行组合，或采用单包二段释放保鲜剂。以巨峰为例，按5千克装箱量计，南方、北方地区用量见表9-1。

表9-1 南方和北方地区葡萄保鲜剂用量

南方高温多雨区	1）CT2	8包	CT5	2包
	2）CT2	10包	CT5	1包
北方冷凉干旱区	1）CT2	10包	CT5	0包
	2）CT2	8包	CT5	1包

（八）搞好敞口预冷

冷藏间预冷是常用的预冷方式，北方地区晚秋采收的葡萄一般预冷12～24小时，如遇特殊多雨年份预冷时间要加长至36～48小时；南方地区葡萄田间热和携带水分较高，更应增加葡萄敞口预冷时间，一般要达到24～72小时。差压预冷是理想的方法，可使葡萄预冷时间缩短5倍以上，但由于需要特殊包装，很难实现。目前隧道预冷是理想和现实的选择。

（九）搞好温度管理

1.选择适宜的贮藏温度 −0.5℃±0.5℃是适宜的贮藏温度。但多数库在除霜时温度要升到1～3℃，再加上某些库在贮藏过程偶遇停电，会造成不良的贮藏后果。目前贮藏库已能达到冰温控制水平，−0.5℃±0.2℃。在避免停电的情况下，易腐难贮的葡萄可延长贮期20～40天，是理想的贮藏温度。

2.搞好温度管理 要有一个隔热和控温良好的贮藏库，特别在我国南方地区更应加强隔热层的建造。贮前提前降低库温，在入贮前2～3天使库温达到要求的温度。葡萄采收后要及时入贮，防止在外停留时间过长。要求葡萄在采收后6小时之内进入预冷阶段。分批入贮，每次入贮库容的15%。选择适宜的贮藏温度−1～0℃。选择适宜的检测温度方法，电脑多点检测、精密水银温度计（精度控制在0.1℃）。要合理码垛，要有利于空气通过。要尽可能维持各个部分的温度均匀一致。要防止库内温度骤然波动。

经常停电地区要配置发电机。最好设置专用预冷库。设置温度安全报警装置。

（十）预包装鲜食葡萄质量要求

执行国内贸易行业标准《预包装鲜食葡萄流通规范》（SB/T 10894—2012）该标准2013年7月1日实施，适用于预包装国产鲜食葡萄的经营和管理。

1.商品质量基本要求　具有本品种固有的果形、大小、色泽（含果肉、种子的颜色）、质地和风味，具有适于市场销售的成熟度。果穗、果形完整良好，无异嗅和异味，无不正常的外来水分。主梗呈木质化或半木化，并呈褐色或鲜绿色，不干枯、萎蔫。

2.商品等级　在符合商品质量基本要求的前提下，同一品种的鲜葡萄依据新鲜度、完整度、果穗重量、果粒重和均匀度分为一级、二级和三级，各等级要求见表9-2。

表9-2　预包装鲜食葡萄等级

指标	一级	二级	三级
新鲜度	色泽鲜亮，果霜均匀，表皮无皱缩，果梗、果肉新鲜	色泽鲜亮，表皮无皱缩，果梗、果肉新鲜	色泽较好，表皮可有轻微皱缩，果梗、果肉较新鲜
完整度	穗形统一完整，无损伤；果霜完整、无果面缺陷	穗形完整，无损伤；同一包装件内，颗粒着色度良好，果霜完整，缺陷果粒≤8%	穗形基本完整；果粒着色度较好，果霜基本完整，缺陷果粒≤8%
果穗重量（千克）	0.5～1	0.3～0.5	<0.3或>1
果粒重	同一包装中果粒重≥平均值15%	同一包装中果粒重≥平均值	同一包装中果粒重<平均值
均匀度	颜色、果形、果粒大小均匀	颜色、果形、果粒大小较均匀	颜色、果形、果粒大小尚均匀

注：果粒重平均值参见表9-3。

表9-3　各品种鲜食葡萄的平均果料重

品种	平均果粒重（克）	品种	平均果粒重（克）
巨峰	10	牛奶	7
京亚	5.5	红地球	12
藤稔	15	龙眼	5
玫瑰香	4.5	京秀	6
瑞必尔	7	绯红	9
秋黑	7	无核白	5.5
里扎马特	8		

十、病虫害防治

（一）病害

葡萄霜霉病

葡萄霜霉病是葡萄上最为严重的病害之一。葡萄霜霉病目前在我国的大多数葡萄产区均有发生，雨水较多的地区和年份发病严重。

【症状】葡萄霜霉病主要侵害叶片，也能为害葡萄的新梢、卷须、叶柄、花序、穗轴、果柄和果实等幼嫩组织。霜霉病导致与叶片光合作用有关的所有生理过程受阻；造成叶片病斑，致使叶片早衰、脱落，影响树势和营养储藏，从而成为产量下降、果实品质降低、冬季发生冻害、春季缺素症、花序发育不良等的重要原因。叶片发病初期产生水渍状黄色斑点，后扩展为黄色至褐色多角形病斑（图10-1），叶斑背面生白色霜霉状物（图10-2），严重时整个叶背布满白色霜霉层，叶片易脱落后期霜霉层变为褐色，叶片干枯（图10-3至图10-6）。新梢、卷须、叶柄、穗轴发病，产生黄色或褐

图10-1　叶片初期症状（正面）

图10-2 叶片初期症状（背面）

图10-3 叶片后期症状（1）

图10-4 叶片后期症状（2）

图10-5 叶片干枯（1）

图10-6 叶片干枯（2）

色斑点，略凹陷，潮湿时也产生白色霜霉状物，花穗腐烂干枯，幼果变硬，后变为褐色，软化、干缩、易脱落。

【病原】该病病原为葡萄小生单轴霉 [*Plasmopara viticola*（Berk. et M. A. Cuttis）Berl. Et de Toni]，卵菌门单轴霉属，是一种专性寄生真菌。病原菌的菌丝管状、多核，产生瘤状吸器，侵染葡萄后，在组织的细胞间蔓延。无性阶段产生孢囊梗，顶生孢子囊，内生游动孢子。孢囊梗簇生，无色，从葡萄叶片、果粒等表皮的气孔伸出，长140～250微米，呈单轴直角分枝，一般为2～3次，在分枝的末端有2～3个小梗，圆锥形，末端钝，顶端生1个孢子囊。孢子囊卵形或椭圆形，单胞，无色，顶端呈乳头状突起。孢子囊萌发产生6～9个侧生双鞭毛的游动孢子。游动孢子肾脏形，多为单核，在扁平的一侧生2根鞭毛，能在水中游动。病原菌有性生殖产生卵孢子，于秋末在病部细胞间隙处产生，褐色、球形、壁厚、表面平滑，略具波纹状起伏（图10-7）。

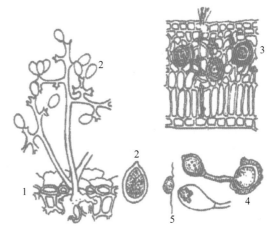

图10-7　葡萄生单轴霉
1.孢囊梗　2.孢子囊　3.病组织中的卵孢子
4.卵孢子萌发　5.游动孢子

【发病规律】病原菌主要以卵孢子在病组织中或随病残体于土壤中越冬。卵孢子在自由水（水滴、水膜）中，温度达到11℃时萌发，产生孢子囊，孢子囊释放游动孢子，游动孢子通过雨水飞溅传播到葡萄上，成为春天的初侵染源。游动孢子由气孔侵入寄主组织，经潜育期发病，又产生孢子囊，进行再侵染，条件适宜时，4天完成整个过程，一个生长季节有多次再侵染（图10-8）。

水分的存在（降雨、浓雾和结露）是该病害发生和流行的关键。低温高湿是霜霉病流行的气候条件，在低温、少风、多雨、多雾或多露的情况下最适发病。夜间低温有利于孢子囊萌发和侵入。

【防治方法】采用生态控制与化学防治相结合的综合防治措施防控葡萄霜霉病。

（1）采用避雨栽培技术　此方法可有效地控制葡萄霜霉病的发生。

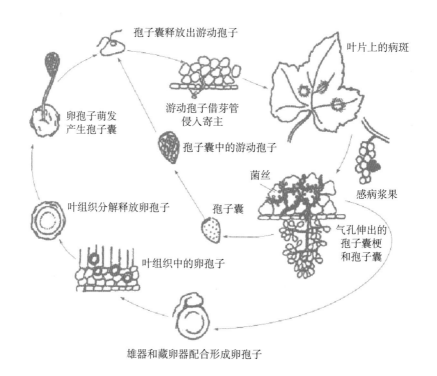

图10-8　葡萄霜霉病病害循环

（2）化学防治　落叶期、早春萌芽期，全园喷布5波美度石硫合剂，降低越冬菌源基数。在葡萄萌芽期喷施一次石硫合剂，兼治葡萄白粉病和毛毡病；花前、花后各用一次铜制剂，常用的铜制剂有：80％水胆矾（波尔多液或必备）可湿性粉600～800倍液、30％王铜（氧氯化铜）800～1000倍液。葡萄收获后埋土前喷施一次石硫合剂。发病初期，喷施内吸性杀菌剂，每隔7～10天喷1次，连喷2～3次；雨季应连续使用杀菌剂，每隔7～10天喷1次。注意保护性与内吸性杀菌剂配合或交替使用。当田间霜霉病普遍发生或发现花序、果穗受侵染后，且雨水较多，则要及时调整防治方法，将喷药间隔期由原来的7天左右调整为3～4天，连喷3次：第一次药为保护性药剂＋内吸性药剂，第二次为内吸性药剂，第三次为保护性药剂＋内吸性药剂。之后进行正常管理，即天气正常施用保护性杀菌剂；天气潮湿多雨。喷药时应注意重点喷叶背，均匀周到，下雨后及时喷药。

葡萄白粉病

葡萄白粉病也是葡萄上的重要病害之一，分布很广，但总体上，雨水比较多的地区发生程度比较轻、为害损失比较小，新疆、甘肃、宁夏、河北北部等干旱区发生普遍、发生程度比较重、为害损失比较大。值得注意的是，我国避雨栽培技术在多雨地区的采用，减轻了葡萄霜霉病、葡萄炭疽病、葡萄黑痘病等病害，但因为避雨棚湿度大、植株表面（叶片、枝条、果实、果梗等）没有水珠或水膜，适合葡萄白粉病发生和流行，白粉病日趋加重。

【症状】葡萄白粉病主要为害葡萄的叶、果实、新枝蔓等，幼嫩组织最容易感染。其主要鉴别特征是在受害组织上覆盖有白色的粉状物（即病原菌的菌丝体、分生孢子梗、分生孢子）。叶片发病时叶片正面覆盖白粉状物，严重时使叶面卷曲不平，白粉布满叶片，病叶卷缩、枯萎而脱落（图10-9至图10-11）。幼果受害，果实萎缩脱落；果实稍大时受害，首先在褪绿色斑块上出现黑色星芒状花纹，覆盖一层白粉，使得病果停止生长、硬化、畸形，有时导致病果开裂，味极酸（图10-12至图10-15）。果粒长大后染病，果面会出现褐色网状线纹，覆盖白色粉状物，病果易开裂，能加重果实酸腐病的发生，造成烂果。果穗染病易枯萎脱落。新梢、果柄及穗轴发病时，发病部位起始白色，后期变为黑褐色、网状线纹，覆盖白色粉状物。白粉病发生严重时，叶片卷缩枯萎、脱落，病粒变硬脱落，严重影响果实产量和质量。

图10-9 叶片正面症状

图10-10 叶片背部症状

图10-11 叶部卷曲和叶部
严重被害

图10-12 果实覆盖白色粉状物（1）

图10-13 果实覆盖白色粉状物（2）

图10-14 果实畸形

图10-15 果实开裂

【病原】有性型是葡萄钩丝壳 [*Uncinula necator*（Schw.）]，属子囊菌门钩丝壳属。闭囊壳一般在生长后期产生，散生，黑褐色，大小为80～100微米，有10～30条附属丝；附属丝基部褐色，有分隔，不分枝，顶部卷曲，长度为闭囊壳的2～3倍；闭囊壳内有4～8个子囊；子囊椭圆形，一端稍突起，无色，大小为（50～60）微米×（25～36）微米，内含4～6个子囊孢子；子囊孢子椭圆形，单胞，无色。葡萄白粉病菌的无性型为葡萄粉孢（*Oidium tuckeri* Berk.）。菌丝直径4～5微米，多隔膜，与菌丝垂直的分生孢子梗，分生孢子串生于分生孢子梗顶端，念珠状；分生孢子无色，单胞，圆形至卵圆形，内含颗粒体。

【发病规律】葡萄白粉病菌为表面寄生菌，其菌丝体在寄主绿色组织表面生长，依靠吸器侵入寄主组织吸取营养。病原菌以菌丝在葡萄休眠芽内或以闭囊壳在植株残体上越冬，第二年春天芽开始萌动，以白色菌丝体覆盖新梢，菌丝体产生分生孢子、闭囊壳产生子囊孢子；分生孢子、子囊孢子借助风、气流或昆虫传播到刚发，芽的幼嫩组织上；在适宜的条件下，孢子萌发，侵入寄主表皮，产生吸器，吸收寄主营养，导致第一批病新梢（病叶、病枝条）出现。对于芽鳞间有菌丝体越冬的，芽开始活动或生长时，病原菌也开始活动、生长，发芽后即成为病芽、病梢，然后产生分生孢子再传播、侵害（图10-16）。

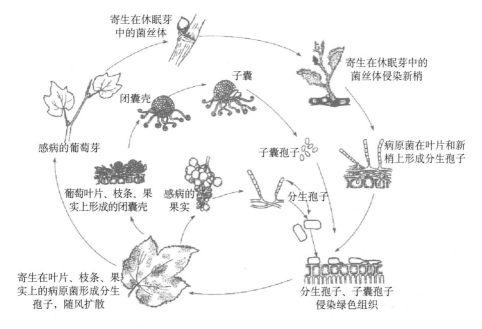

图10-16　葡萄白粉病病害循环（引自 Michael A. Ellis，1972）

葡萄白粉病菌的越冬方式可能有无性方式（寄生在芽中的菌丝体）和有性方式（闭囊壳）两种。一般干旱的夏季或闷热多云的天气，气温在25～35℃时，病害发展最快，超过35℃的高温抑制葡萄白粉病的发生和流行。水的存在对葡萄白粉病发生不利，因为水滴或水的存在会造成分生孢子吸水破裂，不能萌发；多雨的条件不利于分生孢子的萌发和菌丝生长，因为降雨会冲刷叶片上的分生孢子，并且孢子也会因吸水膨胀而破裂，从而抑制或减弱病害。

【防治方法】

（1）加强栽培管理　要注意及时摘心绑蔓剪副梢，使蔓均匀分布于架面上，保持通风透光良好；冬季剪除病梢，清扫病叶、病果，集中烧毁。

（2）化学防治　应特别抓好以下发芽前后和落叶期前后这两个关键时期用药，发病期要连续用药4～6次，有效控制病害。病重地区或易感病的品种，要注意喷药保护，一般在秋季葡萄埋土前和春季葡萄发芽前各喷一次3～5波美度石硫合剂，发芽后喷0.2～0.3波美度石硫合剂，或50%甲基硫菌灵可湿性粉剂500倍液，或80%必备可湿性粉剂400～500倍液，开花前至幼果期喷2～3次50%福美双·嘧菌酯可湿性粉剂1 500倍液、50%甲基硫菌灵可湿性粉剂500倍液，或25%嘧菌酯水悬浮剂2 000倍液。发病时，喷施10%苯醚甲环唑水分散粒剂2 000倍液，或1.8%辛菌胺醋酸盐水剂600倍液等。此外，需要注意石硫合剂污染幼果较重，用药时间要避开高温。

温馨提示

葡萄白粉病一般在相对干燥的天气发生严重，叶片发病初期是在叶片的正面开始发病；葡萄霜霉病一般发生在多雨季节，主要是叶片正面出现角状斑，一般正面没有霉层，严重时背面也出现霉层。

葡萄炭疽病

葡萄炭疽病是葡萄上一种重要真菌病害，在我国发生比较普遍，而西部地区，如新疆、甘肃、宁夏等，很少或几乎没有葡萄炭疽病。

【症状】 葡萄炭疽病主要为害果实，也为害穗轴、当年的新枝蔓、叶柄、卷须等绿色组织。病菌侵染幼果初期症状表现为黑褐色、蝇粪状病斑，严重时软腐（图10-17至图10-21）；成熟期果实染病后，初期为褐色、圆形斑点，后逐渐变大并开始凹陷，在病斑表面逐渐生长出轮纹状排列的小黑点（分生孢子盘），天气潮湿时，小黑点变为小红点，这是炭疽病的典型症状（图10-22至图10-24）。严重时，病斑扩展到半个或整个果面，果粒软腐、脱落或逐渐干缩形成僵果。炭疽病可以在穗轴或果梗上形成褐色、长圆形的凹陷病斑（图10-25），影响果穗生长，发病严重时造成干枯，影响病斑以下的果粒（失水干枯或脱落）、穗轴（图10-26和图10-27），当年的新枝蔓、叶柄、卷须得病，一般不表现症状。侵染叶片一般不发病，潮湿条件下，被侵染叶片发病，一般从叶缘开始，逐渐叶中央扩展形成同心轮致褐色病斑（图10-28和图10-29），后期产生粉红色、黏稠的分生孢子团。

图10-17　幼果初期症状（1）

图10-18　幼果初期症状（2）

图10-19　幼果后期症状（1）

图10-20　幼果后期症状（2）

图10-21　幼果后期症状（3）

图10-22 成熟期果实染病初期

图10-23 成熟期果实染病后期

图10-24 果实表面具小红点

图10-25 穗轴上的病斑

图10-26 穗轴干枯

图10-27 穗轴后期症状

图10-28　叶片初期症状

图10-29　同心轮纹褐色病斑

【病原】葡萄炭疽病的病原为有胶孢炭疽菌 [*Colletotrichum gloeosporioides* (Penz.) Penz. et. Sacc.] 和尖孢炭疽菌（*Colletotrichum acutatum* J. H. Simmonds）。在中国引起葡萄炭疽病的主要病原菌是胶孢炭疽菌，属子囊菌无性型炭疽菌属真菌。分生孢子盘生于寄主植物角皮层下、表皮或表皮下，分散或聚合，不规则形开裂，并释放黏状、肉红色分生孢子，分生孢子圆柱形或圆筒状，单胞，无色，两头钝圆，中间凹陷，两端不对称，一端稍小，内含数个油球，附着胞褐色，形状为菱形、扁球形和不规则形。分生孢子梗为无色，单胞，圆筒形或棍棒形，大小为（12.6 ～ 24）微米 ×（3.2 ～ 4.2）微米。有性型为围小丛壳 [*Glomerella cingulata*（Stoneman）Spauld. et H. Schrenk]，属子囊菌门小丛壳属真菌。

【发病规律】葡萄炭疽病菌主要以菌丝体潜伏在一年生枝条、叶柄、叶痕、果柄、穗梗及卷须的皮层等处越冬，也能以分生孢子盘随病残体在葡萄架或植株上越冬，成为第二年的初侵染来源。在翌年春天，当环境温度达到15℃时，遇到降雨天气，携带有病原菌的枝条被水浸润后，会产生大量的分生孢子盘和分生孢子，借助气流、雨水及昆虫传播，在葡萄的幼嫩组织上引起初侵染。病原菌可以从伤口、气孔或孔侵入（或直接侵染）到组织的表皮内进行侵染，葡萄炭疽病菌具有潜伏侵染的特征，其在侵入绿色组织后即行潜伏，不再扩展，或成为第二年的侵染源，或条件适宜时发病，进行再侵染。

炭疽病的发生与雨水关系密切。葡萄炭疽病在整个生长期都会侵染葡萄各组织，在生长前期一般不发病，多从果实转色期开始发病，在果实转色期至成熟期（一般为7 ～ 9月），如降水量多，果实发病会产生大量分生孢子，造成果实成熟期炭疽病再侵染，导致严重发生；尤其是葡萄生长前期雨水少、成熟期雨水多，上年的越冬菌源形成大量分生孢子，使大量成熟果实被侵染，造成炭疽病流行。花后至成熟期雨水少，发病率也随之降低。

【防治方法】

（1）避雨栽培　严重发病的地区可采用避雨栽培，防控炭疽病。避雨栽培可避免雨水到达结果母枝等带菌部位，从而减少了分生孢子盘和分生孢子的产生，阻止了病原菌通过雨水飞溅侵染果实。

（2）果实套袋　对感病品种或发病严重的地区，可通过谢花后严格的化学防治结合果穗套袋，防控炭疽病。果实套袋，可以避免分生孢子通过雨水飞溅侵染果实，从而有效地防止葡萄果实炭疽病的发生。

（3）加强田间管理　减少田间越冬的病菌数量是防治炭疽病的关键。具体做法就是把修剪下的枝条、卷须、叶片、病穗和病粒等，清理出果园，统一处理。

（4）化学防治　春季葡萄萌芽前喷3～5波美度石硫合剂于枝干及植株周围，以清除越冬菌源。发芽后到开花前，可用30%代森锰锌悬浮剂600倍液、50%福美双•嘧菌酯可湿性粉剂1 500倍液、80%福美双可湿性粉剂800倍液、80%波尔多液可湿性粉剂400～800倍液等，可以减少分生孢子盘和分生孢子的产生。套袋栽培的花后和套袋前，一般保护性杀菌剂和内吸性杀菌剂配合使用，使用2～3次，其中一次是保护性杀菌剂和内吸性杀菌剂混合使用。

葡萄灰霉病

　　葡萄灰霉病发生普遍，为害严重，尤其是在降水量大、气温低的地区和年份发病严重，引起果穗腐烂。

【症状】葡萄灰霉病主要侵害花穗和果实，有时也侵害叶片、新梢、穗轴和果梗（图10-30）。在病组织上产生鼠灰色霉层（病原菌的菌丝和子实体）是灰霉病的诊断特点。花穗受害，多在开花前和花期发病，受害初期，花序似被热水烫状，呈暗褐色，组织软腐，湿度较大的条件下，受害花序及幼果表面密生灰色霉层、干燥条件下，被害花序萎蔫干枯，幼果极易脱落（图10-31和图10-32）。果实受害，多从转色期开始发病，初形成直径2～3毫米的圆形稍凹陷病斑，很快扩展至全果，造成果粒腐烂，并迅速蔓延，引起全穗腐烂，上布满鼠灰色霉层，并可形成黑色菌核（图10-33和图10-34），严重时果实可萎蔫、干枯（图10-35）。叶片受害，多从叶片边缘和受伤的部位开始发病，湿度大时，病斑迅速扩展，形成轮纹状不规则大斑，其上生有鼠灰色霉层，天气干燥时，病组织干枯，易破裂。

图10-30　穗轴上的灰色霉层

图10-31　被害花序干枯萎缩

图10-32　幼果发病初期

图10-33　果实上的灰色霉层

图10-34　果实上的黑色菌核

图10-35　果实萎蔫

【病原】 葡萄灰霉病病原为富克葡萄孢盘菌 [Botryotinia fuckeliana (de Bary) Whetzel.]，属子囊菌门葡萄孢盘菌属真菌。其无性型为灰葡萄孢 (*Botrytis cinerea* Pers.：Fr.)。无性世代产生分生孢子梗和分生孢子

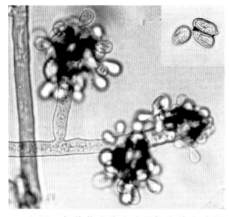

图10-36 灰葡萄孢分生孢子梗和分生孢子

(图10-36)，分生孢子梗数根丛生，直立或稍弯曲，细长，大小为 (960～1 200) 微米× (16～20) 微米，不规则分枝，顶端有1～2次分枝，分枝后顶端细胞膨大，呈棒头状，上密生小梗，小梗上着生许多分生孢子，整体看似葡萄穗状。分生孢子椭圆形或圆形，表面光滑，无色，单胞，大小为 (9～16) 微米× (6～10) 微米。在不利的环境条件下，菌丝可以形成黑色、坚硬的菌核。

【发病规律】病原菌以菌丝体、菌核和分生孢子在病残体上越冬，其中菌核越冬尤为重要。越冬后的菌核和菌丝，在春天产生分生孢子，分生孢子被风、雨传播和分散，作为春季的侵染源。气温偏低和高湿的气候条件有利于葡萄灰霉病的发生和流行。该病的发病温度为5～31℃，最适发病温度为20～23℃，最适空气相对湿度在85%以上。伤口有利于病原菌的侵入。果园的栽培管理措施不当易造成病害流行。

【防治方法】

(1) 加强果园卫生　在生长期，及时剪除病果穗及其他病组织，注意剪除的果穗和其他病组织要集中处理或销毁，不能留在田间，防止病菌在田间传播。在收获期应彻底清除病果，避免贮运期病害扩展蔓延。收获后应及时清除田间病果、落叶、枝条等，集中销毁。

(2) 加强果园管理　加强肥水管理，提高树体的营养，增强植株抗病力。采用合理架势和植株调整等措施，如及时清除副梢、摘除果穗周围的叶片，加强田间通风透光。

(3) 化学防治　灰霉病的防治适期是花期前后、封穗期、转色后三个关键期；药剂可选用40%嘧霉胺悬浮剂800～1 000倍液，50%腐霉利可湿性粉剂600倍液，50%异菌脲可湿性粉剂500～600倍液或25%异菌脲水剂300倍液。果实采收前，可喷洒一些生物农药，如60%特可多100倍液，10%多抗霉素可湿性粉剂600倍液或3%多抗霉素可湿性粉剂200倍液。

葡萄白腐病

在潮湿多雨的年份，葡萄白腐病很容易发生。

【症状】葡萄白腐病主要为害果穗和当年生枝条，也为害枝蔓和叶片。果穗受害时最初在穗轴、小穗梗和果梗上产生淡褐色、水渍状、不规则斑点，严重时整个组织腐烂（图10-37），潮湿时果穗腐烂脱落，干燥时果穗干枯萎缩、不脱落，形成有棱角的褐色僵果（图10-38），果面布满灰白色小粒点（分生孢子器）；果粒发病时呈灰白色腐烂，先从果柄处开始，迅速延及整个果粒，果面上密生灰白色小粒点（图10-39和图10-40）。枝蔓受害，从伤口处开始发病，褐色病斑，表面密生灰白色小粒点，最后枝蔓皮层组织纵裂，呈乱麻丝状(图10-41至图10-44)。叶片受害，多从叶缘开始，形成淡褐色大斑，有不明显的同心轮纹，后期也产生灰白色小粒点，最后叶片干枯很易破裂（图10-45至图10-49）。

图10-37　穗轴及小穗梗被害

图10-38　果穗干枯成僵果

图10-39　果粒症状（1）

图10-40 果粒症状（2）

图10-41 枝蔓伤口处发病

图10-42 枝蔓上的褐色病斑

图10-43 枝干表面着生灰白色小粒点

图10-44 枝蔓皮层组织呈"乱麻丝状"

图10-45 叶片初期症状

图10-46　叶缘上的褐色斑块

图10-47　叶缘上的斑块逐渐扩大

图10-48　灰白色小粒点

图10-49　叶片干枯

【病原】葡萄白腐病菌为白腐垫壳孢[*Coniella diplodiella*（Speq.）Petr. et Syd.]，属于子囊菌无形型垫壳孢属真菌。白腐病菌的营养菌丝为白色，宽12～16微米，有分枝且分枝多。营养菌丝形成附着胞和吸器。菌丝经常出现交叉，并形成厚垣孢子，分生孢子器壁较厚，呈球形或扁球形（图10-50）。灰色至

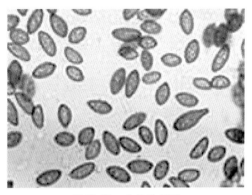

图10-50　分生孢子器

暗褐色。在分生孢子器的黏质物内含有大量的分生孢子，分生孢子梗单胞，不分枝。

【发病规律】葡萄白腐病菌主要是以菌丝体、分生孢子器及分生孢子随病残体在土壤中或地表越冬。越冬后的分生孢子主要借助雨水飞溅或在农事操作

过程中通过葡萄植株伤口进入到果穗上、枝蔓上进行传播扩散。葡萄白腐病的发生和流行最主要的影响因素是温度、湿度及伤口。萄白腐病菌的分生孢子萌发的温度范围为15~30℃，但在24~27℃条件下，当相对湿度为100%时，白腐病菌的分生孢子迅速萌发生长，相对湿度低于92%时分生孢子不萌发；在温度低于15℃或高于34℃时，病原菌的分生孢子不萌发或萌发生长速度非常缓慢。

【防治方法】

（1）降低田间病原菌的数量　冬季结合修剪，彻底清除病枝蔓和挂在枝蔓上的僵果，并将园中的病残体集中烧毁或深埋；冬季深翻果园，可将病残体埋入土壤深层加速其腐烂分解，减少第二年初侵染源。生长季节及时摘除病果、病蔓、病叶，以减少再侵染源，抑制病害发展速度。

（2）加强栽培管理　根据果园的肥力水平，合理修剪、疏花疏果，及时摘心、抹副梢、绑蔓，控制植株挂果量，提高植株抗病力；提高结果部位，可以减少病菌的侵染机会；增施有机肥和钾肥，避免偏施氮肥，增强树势；对于地势低洼果园，设法改良土壤，加强排水；夏季修剪，改善通风透光，降低田间湿度，减轻病害的发生。

（3）化学防治　应抓好以下几个关键时期：发芽前和发芽后、开花前、落花后至套袋前、暴风雨或出现冰雹后的紧急处理。严格监测白腐病在这4个时期的发生情况，一旦发现侵害，及时采取措施，能有效控制白腐病的发生。对于重病果园，要在发病前用50%福美双可湿性粉剂1份、硫黄粉1份、碳酸钙1份，三种药混匀后撒在葡萄园地面上，杀死土壤表面的病菌。每亩约用上述混合粉1.5~2千克，可减轻发病。北方出土上架后（南方地区发芽前），对枝蔓进行药剂处理，喷洒3~5波美度的石硫合剂。落花后根据天气情况喷药，喷药以保护果穗为主，常用药剂：50%福美双500~700倍液，70%百菌清350~700倍液，25%多菌灵250~500倍液，50%退菌特600~800倍液，780%代森锰锌600~800倍液，25%阿米西达2500倍液等。

葡萄酸腐病

葡萄酸腐病在我国已成为葡萄上普遍发生的重要病害之一，为害严重的果园损失达10%~50%，甚至绝收。

【症状】葡萄酸腐病主要为害果穗，在葡萄近成熟期开始发生，引起葡萄果粒褐色腐烂，组织破裂解体，大量的腐烂汁液流出，有醋酸味，如果是套袋葡萄，在果袋的下方有一片深色湿润（习惯称为"尿袋"），在病果穗上及其周围有大量果蝇或叫醋蝇的幼虫、蛹和成虫存在（图10-51）。另外，果粒腐烂后流出的汁液会造成汁液经过的地方（果实、果梗、穗轴等）腐烂，病害后期腐烂果粒干枯，干枯的果粒只剩下果实的果皮和种子。

图10-51　葡萄酸腐病

【病原】葡萄酸腐病为一种复合侵染性病害。该病是一种二次侵染造成的病害，即先由各种原因造成果面伤口（冰雹、裂果、鸟害等），然后由醋蝇取食、产卵，并把醋酸菌和酵母菌（主要是醋酸菌）带到伤口周围，联合作用形成果粒腐烂。

【发病规律】葡萄酸腐病是真菌、细菌和醋蝇联合为害的结果，经常和其他病害如葡萄灰霉病、葡萄白腐病等混合发生。葡萄酸腐病是葡萄果实成熟期的病害，一般在果实转色期之后就可以发生。所以，酸腐病在一般区域的发病时间从7月中旬开始直至采收结束（即9月下旬）。葡萄酸腐病的发生首先要有伤口，如机械伤（如冰雹、风、蜂、鸟等造成的伤口）或病害（如白粉病侵入时的伤口和被感染后造成的裂果、品种自身的裂果等）造成的伤口；其次要有果穗周围和果穗内的高湿度；再次，需要醋蝇的存在。此外，葡萄品种、葡萄自身特性、树势等因素均会影响酸腐病的发生。

【防治方法】

（1）减少果实伤口　通过诱捕和去除蜂窝控制黄蜂等害虫，防治昆虫，减少昆虫引起的伤口；合理使用或少使用激素类药物，同时，在幼果期使用安全性好的农药，避免果皮伤害和裂果；合理使用赤霉素，疏松果穗；设置防鸟网、人工轰赶鸟群等避免鸟害造成的伤口；积极防治果实日灼病、气灼病，减少伤口。

（2）加强栽培管理　合理绑缚枝蔓，使其通风透光，降低果穗周围的湿度；合理肥水，降低氮肥施用量，控制葡萄生长过旺，避免果实成熟期快速膨胀相互挤压造成伤口；收获前或收获后清除发病果穗，降低病菌数量。

（3）果实套袋　可有效的保护好果面，减少果实伤口；可避免雨水冲刷，减少病菌的传播。

（4）化学防治　要以防病为主，病虫兼治为原则；同时防治真菌、细菌；与杀虫剂混合使用；选择低毒、低残留的药剂。因为酸腐病是葡萄生长后期病害，必须选择能保证食品安全的药剂。目前将波尔多液和杀虫剂配合使用，是酸腐病化学防治的推荐办法。转色期前后使用1～3次80%波尔多液可湿性粉剂，10～15天1次。使用量一般为400～600克/公顷。可以使用的杀虫剂有10%高效氯氰菊酯乳油、10%联苯菊酯微乳剂等。对于套袋葡萄，处理果穗后重新套新袋，而后果园整体使用1次触杀性杀虫剂。也可以在土壤表面使用80%敌敌畏乳油100～200倍液（喷洒地面，不可喷到葡萄树上），正午无风天气时对葡萄进行熏蒸，可以避免对葡萄果实的污染。

葡萄黑痘病

葡萄黑痘病又名疮痂病、鸟眼病，是葡萄上的重要病害之一，在我国各葡萄产区都有分布。在多雨潮湿的地区和年份发病较重，常引起新梢和叶片枯死，果实失去食用价值，造成较大经济损失。

【症状】葡萄黑痘病侵害葡萄的幼嫩组织，主要侵害新梢、卷须、叶片、叶柄、果实、果梗等幼嫩绿色组织。叶片受害，初期为针头大小的褐色小斑点，病斑扩大后呈圆形或不规则形，中央灰白色，边缘暗褐色或紫色，直径1～4毫米，病斑常自中央破裂穿孔（图10-52）。叶脉受害，病斑呈梭形，凹陷，灰褐色至暗褐色，常造成叶片扭曲，皱缩（图10-53）。果实受害，幼嫩果粒初期产生褐色小斑点，后扩大，直径可达2～5毫米，中央凹陷，呈灰白色，外部仍为深褐色，而周缘紫褐色似"鸟眼"状（图10-54）。多个病斑可连接成大斑，后期病斑硬化或龟裂，病斑仅限于表皮，不深入果肉。病果小、味酸、无食用价值。潮湿时，病斑上出现黑色小点

图10-52　叶片穿孔

图10-53　叶脉被害

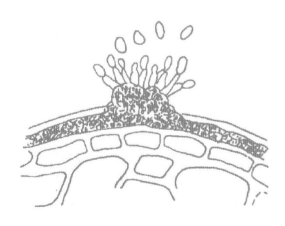

图10-54　果实上的"鸟眼"斑

并溢出灰白色黏质物。新梢、枝蔓、叶柄、果柄、卷须受害，出现圆形或不规则形褐色小斑，后变灰黑色，病斑边缘深褐色，病斑中部凹陷开裂。严重时常数个病斑连成一片，使病梢、卷须因病斑环绕一周而其上部枯死。

【病原】病原为葡萄痂圆孢（*Sphaceloma ampelinum de Bary*），属子囊菌无性型痂圆孢属真菌，病原菌的分生孢子盘瘤状，基部埋生于寄主组织内，外部突出角质层（图10-55）。分生孢子梗短小，无色，单胞。分生孢子椭圆形或卵形，无色，单胞，稍弯曲，两端各有1个油球，在水中分生孢子产生

图10-55　分生孢子盘

芽管，迅速固定在基物上，入秋后不再形成分生孢子盘。病原菌有性型为藤蔓痂囊腔菌[*Elsinoë ampelina* Shear]，属子囊菌门痂囊腔菌属真菌，极少见，在我国尚未发现。

【发病规律】葡萄黑痘病菌主要以菌丝、分生孢子或分生孢子盘在病叶、烂蔓、病果以及植株上得病的副梢、叶痕等部位越冬，其中病叶、烂蔓是最早、最主要的越冬场所，其上产生的分生孢子最多。葡萄黑痘病菌主要依靠带菌苗木和接穗的调运进行传播和扩散。葡萄黑痘病的发生和流行与温度、降雨、空气湿度等有密切关系。潜育期一般为6～12天。但在20～28℃时，潜育期仅为4～6天；当温度低于4℃或高于36℃时，菌丝不能生长。葡萄黑痘病在多雨高湿的气候条件下发病早，一般5～6月开始发病，6～8月为发病盛期，夏季干燥时发病缓慢，9月以后，如果多雨，病原菌可继续侵害，但气温降低，天气干旱时，病害停止。因此，多雨高湿是黑痘病发生流行的重要因素。

【防治方法】

（1）加强果园卫生　清除菌源做好冬季的清园工作，减少越冬病原菌的数量，从而减缓病情的发展。冬季进行修剪时，剪除病枝梢及残存的病果，刮除病、老树皮，彻底清除果园内的枯枝、落叶、烂果等。生长季节及时摘除病果、病叶和病梢，降低田间病原菌数量。

（2）加强栽培管理　合理肥水，增施磷钾肥，避免偏施氮肥，增强树势。地势低洼的果园，要搞好雨后排水，防止果园积水。行间除草、摘梢绑蔓等田间管理工作要及时，使园内有良好的通风透光状况，降低田间湿度。适当疏花疏果，控制果实负载量。

（3）化学防治　春季葡萄萌芽至展叶前、新梢生长和花期前后、幼果膨大期、秋末至越冬前是关键防治适期。第一次在清园后进行，第二次在芽萌动时进行，即在葡萄芽鳞膨大、但尚未出现绿色组织时进行，喷药时期过晚会发生药害。使用3波美度石硫合剂喷布树体及树干四周的土面，减少病害的初侵染来源。展叶初期开始防治，以后根据气候与葡萄物候期及时喷药，对于重病的果园和感病的品种，每15天左右喷药一次。其中，二叶一心期、花前1～2天、80%谢花及花后10天左右是防治黑痘病的四个关键时期。效果较好的药剂有：50%甲基硫菌灵800倍液，40%氟硅唑乳油8 000～10 000倍液，10%苯醚甲环唑3 000倍液，25%嘧菌酯悬浮剂5 000倍液，波尔多液（1∶1∶160～200）等。

葡萄溃疡病

葡萄溃疡病近几年才引起人们的重视，现已在我国多个省份均有发现，已成为葡萄生产的重大障碍。

【症状】葡萄溃疡病可为害果实、枝条、叶片，果实出现症状是在果实转色期，穗轴出现黑褐色病斑，向下发展引起果梗干枯致使果实腐烂脱落，有时果实不脱落，逐渐干缩（图10-56）；在田间还观察到大量当年生枝条出现灰白色梭形病斑，病斑上着生许多黑色小点，横切病枝条维管束变褐；也有的枝条病部表现红褐色区域，尤其是分支处比较普遍（图10-57）。有时叶片上也表现症状，叶肉变黄呈虎皮斑纹状。

图10-57　枝干红褐色

图10-56　果实干缩

【病原】葡萄溃疡病主要是由葡萄座腔菌属的真菌（*Botryosphaeria* sp.）引起的，该属的无性型主要特征为在PDA培养基上菌落为圆形，菌丝体埋生或表生，致密，颜色为深褐色或灰棕色。培养数天产生分生孢子器，聚生或单生，单腔。分生孢子长圆形或纺锤形，初始时为无色无隔，有的种会随着菌龄增长而颜色加深变为深棕色，并且具有不规则横向纹饰的单隔。

【发病规律】病原菌可以在病枝条、病果等病组织上越冬越夏，主要通过雨水传播，树势弱容易感病。

【防治方法】

（1）清洁田园　及时清除田间病组织，集中销毁。

（2）加强栽培管理　严格控制产量，合理肥水，提高树势，增强植株抗病力；棚室栽培的要及时覆盖薄膜，避免葡萄植株淋雨。

（3）拔除死树　对树体周围土壤进行消毒；用健康枝条留用种条，禁用病枝条留种条。

（4）剪除病枝条及剪口涂药　剪除病枝条统一销毁，对剪口进行涂药，可用甲基硫菌灵、多菌灵等杀菌剂加入黏着剂等涂在伤口处，防治病菌侵入。

葡萄褐斑病

葡萄褐斑病是一种常见病害，在雨水较多的地区几乎都有发生。

【症状】葡萄褐斑病菌只侵害葡萄的叶片，葡萄褐斑病主要侵害葡萄中、下部叶片，引起叶片早期脱落。按照病斑直径的大小把葡萄褐斑病分为大褐斑病和小褐斑病。葡萄大褐斑病发病初期，在叶片上呈现淡褐色、近圆形、多角形或不规则的斑点，病斑逐渐扩展，扩展后病斑直径可达3～10毫米，颜色由淡褐变褐，病健交界明显（图10-58和图10-59），有时病斑外围具黄绿色晕圈（图10-60）。叶背面病斑周缘模糊，淡褐色，症状因品种不同而异（图10-61）。在感病品种上，病斑中部具黑褐色同心环纹，空气潮湿时在叶片正、反面的病斑处生有灰褐色至黑褐色霉状物，似小颗粒状，即病原菌的分生孢子梗和分生孢子。发严重时，数个病斑可连在一起，融合成不规则大病斑，后期病组织开裂、破碎，导致叶片部分或全部变黄，提前枯死脱落（图10-62）。

葡萄小褐斑病发病初期，在叶片上出现黄绿色小圆斑点并逐渐扩展为2～3毫米的圆形病斑。病斑多角形或不规则形，大小一致，边缘深褐色（图10-63），中央颜色稍浅，病斑部逐渐枯死变褐进而变茶褐，后期叶背面的

图10-58　大褐斑病叶部褐色病斑（1）

图10-59　大褐斑病叶部褐色病斑（2）

图10-60　具黄绿色晕圈的病斑

病斑处产生灰黑色霉层。发病严重时，许多小病斑融合成不规则大斑，叶片焦枯，呈火烧状。有时大褐斑病、小褐斑病同时发生在一片叶上，加速病叶枯黄脱落。

图10-61　大褐斑病叶部正背面对比

图10-62　叶部枯死

图10-63　小褐斑病褐色病斑

【病原】 葡萄大褐斑病病原为葡萄假尾孢 [*Pseudocercospora vitis*（Lév）Speg]，属子囊菌假尾孢属真菌。子座小，球形，直径为15～40微米。分生孢子梗常10～30梗集结成束状，孢梗束暗褐色，直立，下部紧密，上部散开，高达400微米，单个分生孢子梗大小为（92～225）微米×（2.8～4.0）微米，有1～6个隔膜。分生孢子倒棍棒形或圆筒形，单生，顶侧生，一般有 3个或3个以上的分隔，表面光滑或具微刺，褐色，大小为（12～64）微米×（3～7）微米（图10-64）。

葡萄小褐斑病病原为座束梗尾孢 [*Cercospora roesleri*（Catt.）Sacc.]，属子囊菌无性型尾孢属真菌。子座无色，半球形，直径35～50微米。分生孢子梗由子座中伸出，较短，松散，不集结成束，淡褐色，直或稍弯曲，隔膜多，近顶端膝曲状，孢痕明显，大小为（46～92）微米×（3.5～4.5）微米。分生孢子长柱形或椭圆形，直或稍弯，暗褐色，有3～5个分隔，大小为（18.5～58.0）微米×（4.0～7.0）微米（图10-65）。

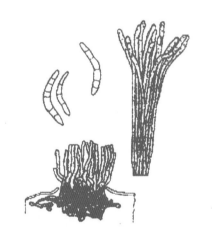

图10-64　假尾孢属分生孢子梗及分生孢子　　　图10-65　尾孢属分生孢子梗及分生孢子

【发病规律】两种病原菌均以菌丝体或分生孢子在病叶组织内越冬，分生孢子有一定越冬能力，孢梗束抗逆性强，也可附着在结果母枝的粗皮缝中越冬。翌年春天，如气温升高，遇降雨或潮湿条件，越冬的菌丝体或孢梗束产生新的分生孢子，借气流或风雨传播到叶片上，在有水或高温条件下，分生孢子萌发，产生芽管从叶背气孔侵入，引起初侵染。一般经过10～20天的潜育期（湿度越高潜育期越短）后开始发病，在病斑上不断产生新的分生孢子进行再侵染，造成陆续发病。直至秋末，病原菌又在落叶病组织内越冬。

温度和湿度是该病发生和流行的主导因素，褐斑病菌的分生孢子需要在高温、高湿的条件下才能萌发。一般从植株的下部叶片开始发病，以后不断向上部叶片发展。一般在葡萄生长的中后期雨水较多时，褐斑病易发生和流行。一般都于6月开始发生，7～8月进入发病盛期。由于高温、高湿是该病发生和流行的主导因素，因此，多雨的夏季发病较重；若夏季干旱，雨季向后推迟至9～10月，此时气温较低，不利于病害的发生。

【防治方法】

（1）农业防治　及时清园，降低果园病菌基数葡萄生长中后期及时摘除下部黄叶、病叶，以利通风透光，降低湿度。秋后彻底清扫果园落叶，高温发酵或集中处理，减少越冬菌源。另外，刮除老蔓上的粗皮也有利于减少病害的发生。加强栽培管理，创造果园适生环境。

（2）化学防治　封穗期前后是防治褐斑病的关键时期，可阻止褐斑病前期侵染，同时降低菌势、减少菌量，有效阻止后期的发生和流行。同时，这一时期是多种病害发生和防治的关键期，可以结合葡萄霜霉病、黑痘病以及白腐病等病害进行药剂防治，常用的保护性杀菌剂有25%嘧菌酯悬浮剂1 500～2 000倍液、50%福美双·嘧菌酯可湿性粉剂1 500倍液、80%波尔多液可湿性粉剂400～800倍液、30%代森锰锌悬浮剂600～800倍液等；内吸性杀菌剂有：37%苯醚甲环唑水分散粒剂3 000～5 000倍液及40%氟硅唑乳油8 000～10 000倍液（不能低于8 000倍液）等。一般发病前多采用保护性杀菌剂，发病后保护性杀菌剂与内吸性杀菌剂混合或交替使用，以延缓病原菌的抗药性。生产上，37%苯醚甲环唑水分散粒剂或40%氟硅唑乳油与30%代森锰锌悬浮剂混合施用，对葡萄褐斑病防治效果较好。葡萄生长的后期和采收后，有大量的老叶，如果遇到雨水充足就会造成褐斑病流行、为害严重，所以采收后必须施用药剂防治。一般施用80%波尔多液可湿性粉剂400～800倍液等铜制剂，或石硫合剂等硫制剂；也可以使用代森锰锌或代森锰锌与内吸性杀菌剂混合使用。由于病害一般从植株下部叶片开始发生，以后逐渐向上蔓延，喷药要着重喷施植株下部的叶片。

葡萄枝枯病

近年来，葡萄枝枯病在辽宁、江苏、浙江、四川、山东青岛、湖北武汉、安徽、山西等地的葡萄园中均有发生，并且显示该病的发生呈逐年上升的趋势。

【症状】葡萄枝枯病主要为害枝蔓，严重时也为害穗轴、果实和叶片。枝蔓受害出现长椭圆形或纺锤形条斑（图10-66和图10-67），病斑黑褐色，枝蔓表面病组织有时纵裂（图10-68和图10-69），木质部出现暗褐色坏死，维管束变褐（图10-70），病部有小黑点即病原菌的分生孢子（图10-71），新梢得病，易造成整个新梢干枯死亡；穗轴发病，最初为褐色斑点，随后扩展成长椭圆形大斑，严重时可造成全穗干枯；叶部病斑近圆形，严重时连成不规则大斑（图10-72）；果实上病斑圆形或不规则形。

图10-66　枝蔓上的病斑（1）

图10-67　枝蔓上的病斑（2）

图10-68　枝蔓纵裂（1）

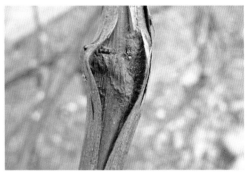

图10-69　枝蔓纵裂（2）

图10-70　维管束变褐

图10-71　小黑点

图10-72 叶部症状

【病原】目前，在我国检测到并已分离鉴定的葡萄枝枯病菌属于拟盘多毛孢属（*Pestalotiopsis*）。分生孢子盘表生或近表生，散生或聚生，盘壁由褐色、薄壁角状细胞组成，呈不规则状开裂。分生孢子梗无色，分枝，圆柱形或葫芦形。全壁芽生环痕式产孢。分生孢子呈纺锤形，直或弯曲，具有5个细胞，基部细胞无色，平截，有1根长为2.2～7.1微米的附属丝；顶端细胞圆锥形，无色，顶端具有2～3根长为10.9～34.1微米的附属丝；中间的3个细胞呈不同的颜色，紧挨着顶端细胞的两个细胞呈褐色，下面一个呈橄榄绿色，分生孢子大小为（18.6～25.4）微米×（6.2～9.9）微米（图10-73）。

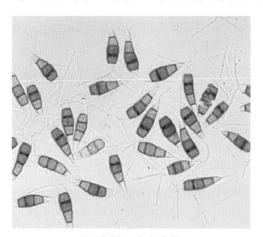

图10-73 分生孢子

【发病规律】葡萄枝枯病菌主要以菌丝体在葡萄的病枝、叶、果、穗轴等残体中越冬，也可以分生孢子潜伏在枝蔓、芽和卷须上越冬。第二年春季，当温度和湿度适宜时，在病残体上的病菌产生分生孢子。分生孢子借助气流、风雨传播，通过寄主的伤口侵入，引起初次侵染，潜育期2～5天，以后在新的病斑上又形成分生孢子，进行多次再侵染。多雨、潮湿天气、阴暗郁闭的葡萄架面，以及各种伤口是病害流行的关键因素。雹灾后或接触葡萄架铁丝部分的枝蔓易发病。氮肥施用过多、枝蔓幼嫩、架面郁闭易发病。

【防治方法】

（1）清除菌源　结合修剪清除病组织和病残体，集中销毁，严禁堆放田间地头。

（2）加强果园管理　合理施肥，避免施用氮肥过多，增施有机肥，增强树势；加强田间管理，及时去除多余新梢、卷须和叶片，避免植株郁蔽。

（3）化学防治　在葡萄萌发前喷施70%甲基硫菌灵可湿性粉剂800倍液、37%苯醚甲环唑水分散粒剂3 000～5 000倍液或40%氟硅唑乳油8 000倍液，间隔10天后再喷1次，共喷施2次，注意轮换使用药剂。处于封穗期的枝条容易感病，转色后穗轴易感病；结合防控葡萄溃疡病、灰霉病、白腐病、炭疽病等使用3%井冈霉素水剂5 000倍液＋22%抑霉唑水乳剂1 500倍液，能很好地控制该病害在封穗后的发生在开花前后、采收后等时期，结合防治葡萄白腐病、炭疽病、白粉病、霜霉病等病害，使用50%福美双·嘧菌酯可湿性粉剂1 500倍液、1.8%辛菌胺水剂600～800倍液、铜制剂、硫制剂等，都能同时兼治葡萄枝枯病。

葡萄穗轴褐枯病

葡萄穗轴褐枯病主要分布于山东、河北、河南、湖南、上海、辽宁各葡萄产区，春季多雨的年份葡萄穗轴褐枯病为害严重。

【症状】葡萄穗轴褐枯病主要为害葡萄幼嫩的花序轴或花序梗，也为害幼小果粒。发病初期，先在幼穗的分枝穗轴上产生褐色水渍状斑点（图10-74），迅速扩展后致穗轴变褐坏死（图10-75）。湿度大时在病部产生黑色霉状物。病害继续扩展整个花穗，全穗变褐最后脱落（图10-76）。叶片上也有症状出现，

图10-74　穗轴上的褐色水渍状斑点　　　　图10-75　穗轴变褐坏死

类似水烫状的病斑；谢花后的小幼果受害，形成黑褐色、圆形斑点，直径约0.2毫米，仅为害果皮，随果实增大，病斑结痂脱落，对生长影响不大。幼果稍大时，病害就不能侵染了。

【病原】葡萄生链格孢霉（*Alternaria viticola* Brun），属无性型真菌。分生孢子梗数根，丛生，不分枝，褐色至暗褐色，端

图10-76　花穗变褐

部色较淡。分生孢子单生或4～6个串生，个别9个串生在分生孢子梗顶端，链状。分生孢子倒棍棒状，外壁光滑，暗褐至榄褐色，具1～7个横隔膜、0～4个纵隔，大小（20～47.5）微米×（7.5～17.5）微米。

【发病规律】病菌以分生孢子和菌丝体在枝蔓表皮或幼芽鳞片内越冬，翌春幼芽萌动至开花期分生孢子侵入，形成病斑后，病部又产生分生孢子，借风雨传播，进行再侵染。人工接种，病害潜育期仅2～4天。雨水多发生重；雨水少发病轻；干旱，几乎不发病。龄树一般较幼龄树易发病；肥料不足或氮肥过量，有利于发病。地势低洼、通风透光差、环境郁闭时，有利于发病。

【防治方法】

（1）加强果园卫生　结合修剪，搞好清园工作，清除越冬菌源。

（2）加强栽培管理　控制氮肥用量，增施磷钾肥，同时搞好果园通风透光、排涝降湿，也有降低发病的作用。

（3）化学防治　花序分离至开花前是关键放置适期。对于花期前后雨水多的地区和年份，结合花后其他病害的防治，选择的药剂能够兼治穗轴褐枯病。常用药剂：42%代森锰锌悬浮剂600～800倍液、80%代森锰锌800倍液等、70%甲基硫菌灵可湿性粉剂800倍液、50%多菌灵可湿性粉剂500～600倍液、20%苯醚甲环唑水分散粒剂3 000倍液等。

葡萄白纹羽根腐病

葡萄白纹羽根腐病在全国各地的主要葡萄产区均有分布，可引起葡萄根部腐烂、树衰，严重时全株死亡。

【症状】葡萄白纹羽根腐病主要为害葡萄的根部，幼树

和老树均可受害。病根表面通常覆盖一层白色至灰白色的菌丝，有些菌丝聚集呈绳索状的"菌索"。在根颈组织上表现明显。根部受害先是为害较细小的根，逐渐向侧根和主根扩展，被害根部皮层组织逐渐变褐腐烂后，横向向内扩展，可深入到木质部（图10-77和图10-78）。受害严重的植株可造成整株青枯死亡，一般幼树表现明显，多年生大树死亡较缓慢。当部分根系受害后，即引起树势衰弱、发育不良、枝叶瘦弱、发芽延迟、新梢生长缓慢，似脱肥状。由于病树根部受害腐烂，故病株易从土壤中拔出。病树有时易于地表处断裂，土壤下面的树皮变黑，易脱落。

图10-77　根部症状

图10-78　根颈部症状

【病原】葡萄白纹羽根腐病的病原为褐座坚壳 [*Rosellinia necatrix*（Hart.）Berl.]，属于子囊菌门。病菌的子囊壳近球形，褐色至黑色，集聚，埋生于寄主表皮下的菌丝层中，直径为10～20微米。子囊圆筒形，具长柄，单层膜，大小为250～380微米×8～12微米，一个子囊内含8个子囊孢子，子囊孢子纺锤形，单胞，暗褐色，直或弯曲。病菌的子囊壳发育时间较长，一般很少见到。病菌产生褐色、刚硬的菌丝束，长10～50微米，菌柄厚40～300微米，向顶端二叉状分枝，可产生大量的分生孢子。分生孢子椭圆形至卵形，无色。病菌的老龄菌丝在其邻近隔膜处的细胞末端膨大。

【发病规律】葡萄白纹羽根腐病的病菌在土壤中生存，潮湿和有机质丰富的土壤适宜病菌生长繁殖。病菌主要以菌丝侵染植物的根部，病菌生长的最适宜温度为22～28℃，在31℃以上时不能生长。病菌的远距离传播主要靠带菌苗木等繁殖材料和未腐熟的农家肥料等，近距离蔓延靠菌丝的生长和根系间交叉接触传染。病菌的寄主范围非常广泛，除为害葡萄外，还可侵染其他果树、花卉、园林树木和蔬菜等34科60余种植物。在葡萄园土壤黏重、透气性不好、湿度较大等条件下易发病。

【防治方法】

（1）加强果园管理　冬前要施足充分腐熟的有机肥，促使根系发育良好，提高根系的抗病力；加强果园的排灌工作，干旱时及时灌水，雨后及时排水；细致进行土壤耕作，加深熟土层，保持土壤通气性良好；防治地下害虫，冬季搞好防寒保护，尽可能减少根部伤口的产生。

（2）土壤消毒　为防止病害继续扩展蔓延，对发病的植株可采用，药剂灌根，以杀死土壤中病菌，使植株恢复健康。常用的土壤消毒剂有：70%甲基硫菌灵可湿性粉剂800倍液；1%的硫酸铜溶液，以上药剂用量为每株葡萄浇灌10千克左右，采用此法可使病株症状消失，生长显著转旺。

（3）铲除病株　对无法治疗或即将死亡的重病株，应及时挖除，之后要将病残根烧毁处理，根周围的土壤也应搬出园外，病穴应用生石灰或70%甲基硫菌灵可湿性粉剂800倍液消毒，然后再选择无病健康的植株进行补栽。对邻近的植株也采取药剂灌根，避免病害在田间进一步扩展蔓延。

葡萄锈病

葡萄锈病在中国葡萄产区均有发生，但以我国南方各省葡萄产区发生比较严重。

【症状】葡萄锈病主要为害叶片。叶片正面出现不规则的黄色小斑点或黄斑，周围水渍状，在病斑叶背面产生锈黄色的夏孢子堆，严重时夏孢子堆布满整个叶背，叶背覆盖一层黄色至红褐色粉状物，即为病菌的夏孢子和夏孢子堆（图10-79）。秋季，病菌的黄色粉状物逐渐消失，在叶背面的表皮下出现暗褐色、多角形小粒点，即为病菌的冬孢子堆，表皮一般不破裂。有时在葡萄叶柄、嫩梢和穗轴上也可出现夏孢子堆。病害严重时造成叶片枯萎，早落，果实着色不良，成熟期延长，影响枝条成熟，翌年葡萄发芽不整齐。

图10-79　叶部症状

【病原】葡萄锈病病菌（*Phakopsora ampelopsidis* Diet.et Syd.）又称葡萄多层锈菌，属担子菌门多层锈菌属真菌，为转主寄生的长生活史型。在葡萄上能形成夏孢子堆和冬孢子堆。夏孢子堆生于叶背，系黄色菌丛。夏孢子卵形至长椭圆形，具密刺，无色或几乎无色，大小14～30微米×10～18微米。冬孢子堆生于叶背表皮下，也常布满全叶，圆形，直径0.1～0.2毫米，初为黄褐色，后变深褐色。

【发生规律】在温带和亚热带地区，病菌主要以夏孢子堆在病残组织上存活越冬，第一年越冬孢子通过气流传播，从气孔侵染为害。在北方寒冷地区，病菌主要以冬孢子堆在病残组织上越冬，翌年春季温度升高后，冬孢子萌发产生担孢子，经气流传播侵染转主寄主泡花树，并逐渐产生锈孢子，锈孢子经气流传播侵染葡萄，葡萄受害后，经7天左右潜有期发病，逐渐产生夏孢子堆和夏孢子，夏孢子经气流传播进行再次侵染。锈病在田间可发生多次再侵染。该病主要为害老叶，葡萄生长中后期发生较多。在高温季节，若阴雨连绵、夜间多露、枝叶茂密、架面阴暗潮湿，则有利于病害发生。管理粗放、植株兰长势弱容易发病；通风透光不良、小气候湿度高发病严重。各品种间抗病性差异较大，一般欧亚种葡萄较抗病，欧美杂交种葡萄较感病。

【防治方法】落花后是防治病害最关键的时期，药剂防治注意保护剂和治疗剂交替使用。发病初期开始用药，喷药要均匀周到，注意喷施叶背。

（1）加强果园管理　发病初期适当清除老叶、病叶，既可减少田间菌源，又有利于通风透光，降低葡萄园湿度。秋末冬初结合修剪，彻底清除病叶，集中烧毁。施足优质有机肥，果实采收后仍要加强肥水管理，保持植株长势，增强抵抗力，山地果园保证灌溉，防止缺水缺肥。

（2）远离转主寄主　冷凉地区，在葡萄园周围不要种植转主寄主泡花树（*Meliosma myriantha*）等清风藤科植物是最重要、最有效的防控措施。

（3）化学防治　枝蔓上喷洒3～5波美度石硫合剂或45%晶体石硫合剂30倍液。有效药剂：20%苯醚甲环唑水分散粒剂3 000～4 000倍液，75%甲基硫菌灵1 000倍液，高温多雨季节前期，连续2～3次可以控制危害。

葡萄根癌病

葡萄根癌病是世界上普遍发生的一种根部细菌病害。目前在东北、华北、西北、黄河及长江流域的许多省份都有葡萄根癌病发生，其中辽宁、吉林、内蒙古、北京、河北、山西、山东、新疆等地病害发生较为严重。

【症状】葡萄根癌病主要发生在葡萄的根、根颈和老蔓上。发病初期，发病部位形成稍带绿色和乳白色的粗皮状癌瘤（图10-80），质地柔软，表面光滑。随着瘤体的长大，逐渐变为深褐色，质地变硬，表面粗糙，大小不一，有的数十个瘤簇生成大瘤，严重时整个主根变成一个大瘤状。老熟病瘤表面龟裂，在阴雨潮湿天气易腐烂脱落，并有腥臭味。一般情况下，常见的其他果树根癌病是在根颈部形成癌肿，而葡萄苗木和幼树根癌病是在嫁接部位周围形成癌肿，随着树龄的增加，

图10-80　根癌病症状

在主枝、侧枝、结果母枝、新梢处也形成，但根部极少形成。受害植株由于皮层及输导组织被破坏，树势衰弱、植株生长不良，严重时植株干枯死亡。

【病原】造成葡萄根癌病的是细菌，病原为葡萄土壤杆菌（*Agrobacterium vitis*），属于土壤杆菌属。短杆状，大小为（1.2 ~ 3.0）微米 ×（0.4 ~ 0.8）微米，单生或成对生长，具 1 ~ 4 根周生鞭毛；革兰氏染色反应阴性，能形成荚膜，无芽孢。

【发病规律】葡萄根癌病菌主要在病组织及土壤中越冬，土壤中的细菌能存活 1 年以上。因此，土壤带菌是该病的主要来源。雨水和灌溉水是该病的主要传播媒介，此外，地下害虫如蛴螬、蝼蛄和土壤线虫等在该病传播过程中也起一定的作用。该病原菌主要通过剪口、机械伤口、虫伤、雹伤以及冻伤等各种伤口侵入植株，条件适宜时，在皮层组织内进行繁殖，不断刺激周围细胞加速分裂，形成肿瘤。病菌的潜育期约几周至 1 年以上，一般 5 月下旬开始发病，6 月下旬至 8 月为发病的高峰期，9 月以后很少形成新瘤。温度适宜，降雨多，湿度大，发病重。土质黏重，地下水位高，排水不良及碱性土壤，发病重。受过冻害的植株，生长势减弱，常常加剧该病害的发生。品种间抗病性有所差异，如玫瑰香、巨峰等高度感病，龙眼、康太等品种抗病性较强。砧木品种间抗根癌病能力差异也很大，SO4、河岸 2 号、河岸 3 号等是优良的抗病性砧木（图10-81）。

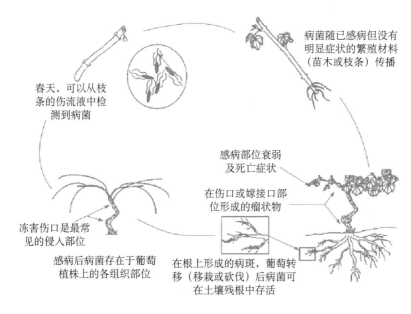

图10-81　葡萄根癌病病害循环

【防治方法】

（1）抗性品种的应用　利用抗性品种和抗性砧木是防治根癌病的主要途径。我国绝大多数野生葡萄对根癌病的抗性较好；河岸3号和SO4是抗根癌病的宝贵材料。

（2）繁育无病种苗　选择未发生过根癌病的地块作育苗苗圃，杜绝从患病园取插条或接穗。

（3）严格检疫　建园时应避免从病区引进种苗和接穗，苗木中若发现病株应彻底剔除烧毁。

（4）苗木和种条消毒　新引进的苗木和种条，在栽植前用硫酸铜100倍液浸泡5分钟，或用3%的次氯酸钠溶液浸泡3分钟进行消毒。

（5）加强栽培管理　萄根癌病在中性或微碱性土壤中容易发生，多施有机肥，增强树势，适当施用酸性肥料。农事操作时尽量避免制进行消毒处理造过多伤口。增加树体营养贮藏量，提高葡萄抗冻能力，做好冬季埋土防寒工作，避免冻害发生。葡萄生长期，及时发现并拔除、销毁病株。

（6）生物防治　栽植前用放射土壤杆菌K-84、MZ15等生防菌剂处理根部，能有效地保护葡萄伤口不受致病菌的侵染。

（7）化学防治　发现病瘤及时刮除，刮时要彻底清除变色的形成层，并深达木质部，然后涂抹5波美度石硫合剂100倍液或硫酸铜50倍液，保护伤口，以免感染。刮除的组织应带出果园集中烧毁。注意防治地下害虫和土壤线虫，减少虫伤，避免给病害发生创造条件。

葡萄皮尔斯病

葡萄皮尔斯病是最早报道的葡萄嫁接传染病害，是世界重要的检疫病害。我国尚未发现此病。

【症状】春季病株萌芽延迟，生长缓慢。仲夏，由于疏导组织阻塞而引起水分供应失常，部分枝蔓叶片边缘出现不均匀黄化，枝条最初出现的8片叶，叶脉绿色，沿叶脉皱缩、稍变畸形，以后再长出的叶片不再显示症状，生长中后期呈现局部灼烧状（图10-82），且逐渐坏死，叶片焦枯，提前脱落，仅留下叶柄完整地挂在树上；果穗皱缩枯萎，产量降低。秋天，枝蔓成熟不均匀，成熟

图10-82　葡萄皮尔斯病

的枝条皮色变为褐色，不成熟的仍为绿色，在同一枝条上可以出现绿色和褐色相间的现象；患病植株生长衰弱，冬天容易受冻害，寿命严重缩短，仅能存活一至数年。皮尔斯病容易与水分胁迫、顶枯病等现象混淆，但是在病情严重时，根部死亡，最后根颈部也枯死。

【病原】葡萄皮尔斯病由木质部难养细菌[*Xylella fastidiosa*（PD）]侵染所致，该病菌属变形菌门黄单胞菌科，是一种细小的格兰氏阴性细菌。病菌为杆状，大小（0.25 ~ 0.5）微米×（1 ~ 4）微米，具有波纹状的细胞壁。在患病葡萄的木质部做超薄切片，可以见到细菌堵塞维管组织。皮尔斯病菌可以在专用的培养基上培养，叶柄是理想的分离材料，病菌生长缓慢，需1 ~ 3周形成白色、光滑的菌落。

【发病规律】皮尔斯病菌仅局限在葡萄木质部侵染为害，多在冬季较温暖的地区流行，主要通过沫蝉、叶蝉等木质部取食昆虫近距离传播，并随带病繁殖材料远距离传播。该病寄主范围较广，可以通过介体昆虫在葡萄与其他寄主之间传播。

【防治方法】

（1）加强检疫　由于皮尔斯病是危险的毁灭性病害，要加强检疫，阻止其传入。禁止从疫区引进苗木和种条，对于引进的苗木和种条，应该隔离栽植2年，确认无病后方可继续栽培，否则须就地销毁。

（2）防治媒介昆虫　秋末清扫落叶并销毁，降低虫源；生长期喷洒20%杀灭菊酯3 000倍液或50%辛硫磷2 000倍液，可以起到防止病害传播蔓延的效果，但是要注意杀虫一定要彻底。

（3）清除田间病株和杂草　防止病害继续扩展蔓延。

（4）栽培抗病品种　在发病的疫区，栽培抗病品种可以收到良好的防治效果。

（5）热水浸枝条　把休眠枝条浸入45℃热水中3小时或50℃热水中45分钟，可消灭皮尔斯病菌。

葡萄扇叶病

葡萄扇叶病是由葡萄扇叶病毒引起的病害，在世界各葡萄产区均有发生，是影响葡萄生产的主要病害之一。我国葡萄园一般发病率为10%以上，严重者可达50%以上，甚至全园发病。

【症状】葡萄扇叶病症状因病毒株系、葡萄品种及环境条件不同而异，主要有如下3种症状表现：

（1）畸形　春季显症，叶片畸形，左右不对称，叶缘齿锐尖（图10-83），叶基部凹大宽张；叶脉伸展不正常，明显向中间聚集，呈扇形，常伴有褪绿斑驳；病叶扭曲，皱缩（图10-84）；枝蔓畸形，变扁；新梢异常，双芽，节间缩短。

图10-83　叶片的叶缘齿锐尖　　　　　图10-84　叶片皱缩

（2）黄化　春季叶片上先出现黄色斑点、斑块，黄色斑点或斑块多不清晰（图10-85），形状不规则，颜色深浅不一，透光更易见，之后形成黄绿相间花叶（图10-86）；病株的叶、蔓、穗均黄化；夏季老叶黄化变枯、脱落。

图10-85　黄色斑块不清晰

图10-86　叶片黄绿相间

（3）镶脉　春末夏初，成熟叶片沿主脉产生褪绿黄斑，渐向脉间扩展，形成铬黄色带纹（图10-87）；夏秋季节，叶脉逐渐黄化，叶片变小。

【病原】葡萄扇叶病病原为葡萄扇叶病（*Grapevine fanleaf virus*，GFLV），属豇豆花叶病毒科线虫传多面体病毒属（*Nepovirus*）。病毒粒体为等轴对称二十面体，直径30纳米，致死温度为60～65℃，体外存活期一般为15～30天（20℃）。

图10-87　镶脉

【发病规律】葡萄扇叶病主要通过接穗、插条、种苗等繁殖材料远距离传播，也可通过意大利剑线虫（*Xiphinemaitaliae*）和标准剑线虫（*Xiphinemaindex*）近距离传播，标准剑线虫的成虫和幼虫均可传播扇叶病毒，其在土壤中移动缓慢，每年仅有1.0～1.5厘米，但可随水流扩散，且体内保毒期可长达1年，因此，建无病毒葡萄园时应选择3年以上未栽植葡萄的无传毒线虫的地块。葡萄扇叶病症状春季明显，但随着温度升高，夏季症状减弱或消失。通常，扇叶病在美洲葡萄品种及其杂交后代上症状较明显，在欧洲葡萄品种及其杂交后代上多呈潜伏侵染。

【防治方法】培育和栽植葡萄无病毒苗木是防治葡萄病毒病的根本措施。由于葡萄感染病毒后终生带毒，无药可治，因此，葡萄扇叶病的防治以栽培无病毒苗木为主。需要说明的是，采用任何方法获得的脱毒材料，都必须进行病毒检测，检测无毒后，才可作为无病毒原种母本树，用来繁殖葡萄无病毒苗木。建立无病毒葡萄园时应选择3年以上未栽植葡萄的土地，防止残留在土中的葡萄残体或线虫成为传染源。对于已定植的葡萄园，发现扇叶病株，应及时拔除，病株根系周围的土壤可用棉隆、溴甲烷等杀线虫剂进行消毒处理。

葡萄卷叶病

葡萄卷叶病在我国葡萄生产上发展迅速。近年来苗木繁育量急剧增加，但因苗木繁育和调运秩序混乱，导致包括葡萄卷叶病在内的葡萄病毒病广泛传播和蔓延。

【症状】葡萄卷叶病的症状表现因病毒株系、寄主品种、其他病毒的复合侵染和环境条件的不同而有所差异。植株下部叶片于夏末秋初开始向下反卷，并逐渐向上蔓延至整个植株（图10-88）。红色品种感染葡萄卷叶病毒后，在春末或夏季，病株基部叶片脉间会出现红色斑点，随着时间的推移，斑点逐渐扩大，连接成片，秋季整个叶片变为暗红色，但叶脉仍然保持绿色。叶片增厚变脆，向下反卷。这些症状会从病株基部叶片向顶部叶片扩展，严重时整株叶片表现症状，树势衰弱。白色品种上的症状表现与红色品种相似，但叶片颜色变黄而不变红。病株果穗着色浅，一些红色品种，感病后果实苍白，失去商品价值。

图10-88 整个植株被害

【病原】迄今为止，全世界相继报道了11种可引起葡萄卷叶病的病毒[葡萄卷叶伴随病毒（*Grapevine leaf roll-associated virus*，GLRaV）]，单独或复合侵染均可造成葡萄卷叶病的发生。分别为GLRaV-1、GLGRaV-2、GLRaV-3、GLRaV-4、GLRaV-5、GLRaV-6、GLRaV-7、GLRaV-8、GLRaV-9、GLRaV-Pr和GLRaV-De，均属长线形病毒科（Closteroviridae）。葡萄卷叶病毒粒子呈弯曲的长线状，螺旋对称，螺距约3.5纳米，直径约12纳米，粒子长度1 400 ~ 2 200纳米。

【发病规律】葡萄卷叶病具有半潜伏侵染的特性，生长前期症状表现不明显，果实成熟期症状最为明显；在欧洲葡萄品种上表现典型的症状，在多数美洲品种及其杂交后代中多呈潜伏侵染。葡萄卷叶病毒侵染葡萄后，会在枝条、穗梗和叶柄的韧皮部聚集，在植株体内呈不均匀分布。葡萄卷叶病毒主要通过嫁接传染，并随繁殖材料（接穗、砧木、苗木）远距离传播扩散。在葡萄种植园和苗圃中，葡萄卷叶伴随病毒可由多种粉蚧近距离传播。

　　【防治方法】

　　（1）培育和栽植葡萄无病毒苗木　这是防治葡萄卷叶病的根本措施。葡萄一旦被病毒感染，即终生带毒，持久为害，无法通过化学药剂进行有效控制。葡萄无病毒苗的培育主要在科研单位和葡萄苗木繁育单位完成，选择优良品种和优系植株，通过热处理、茎尖培养等方法脱除病毒，并经检测无毒后，即可从无病毒母株上采集枝条，进行繁殖。

　　（2）建无病毒葡萄园　应选择3年以上未栽植葡萄的地块，以防止残留在土壤中的线虫成为侵染源；园址需距离普通葡萄园30米以上，以防止粉蚧等介体从普通园中传带卷叶病毒。

　　（3）及时拔除病株　对于已有的葡萄园，发现病株应及时拔除。

　　（4）防治媒介昆虫　如发现传播卷叶病的粉蚧等媒介昆虫，应进行防治。冬季或早春刮除老翘皮，或用硬毛刷子刷除越冬卵，集中烧毁或深埋；果树萌动前，结合其他病虫害的防治，全树喷布5波美度石硫合剂或5%柴油乳剂；在各代若虫孵化盛期，喷50%敌敌畏乳油1 000倍液或25%溴氰菊酯乳油3 000倍液；可利用瓢虫类、草蛉类等天敌防治康氏粉蚧，对其也有重要的抑制作用。

葡萄皱木复合症

　　葡萄皱木复合症是葡萄上一种通过嫁接传播的严重的综合病症。该病由几种葡萄病毒侵染引起。葡萄皱木复合病在世界葡萄产区分布较广、为害较重。

　　【症状】感染皱木复合病的葡萄，生长减弱，植株矮小，春季萌芽延迟，某些感病品种，种植后几年即衰退死亡；部分植株嫁接口上部肿大，形成"小脚"现象（图10-89）；有的嫁接口上部树皮增厚，木栓化，组织疏松粗糙（图10-90），开裂；剥开树皮，在嫁接口附近的木质部和树皮形成层有时可见凹陷的茎痘斑或茎沟槽。多数品种病株呈潜伏侵染，只表现生长衰退，而没有明显的皱木复合病特征。皱木复合病在不同的葡萄指示植物上表现4种症状类型，分别为沙地葡萄茎痘病、克勃茎沟病、LN33茎沟病和栓皮病。

图10-89　嫁接口肿大　　　　　　　　图10-90　组织疏松

【病原】目前已从葡萄皱木复合病病株上分离出5种线形病毒科（*Flexiviridae*）病毒，即葡萄病毒A（*Grapevine virus* A，GVA）、葡萄病毒B（*Grapevine virus* B，GVB）、葡萄病毒C（*Grapevine virus* C，GVC）、葡萄病毒D（*Grapevine virus* D，GVD）和沙地葡萄茎痘相关病毒（*Grapevine rupestris stem pitting virus*，GRSPaV）。这些病毒单独或复合侵染可引起葡萄皱木复合病，其中，GVA是克勃茎沟病的病原，GVB是葡萄栓皮病的病原，GRSPaV是沙地葡萄茎痘病的病原。GVC和GVD与这些症状的关系尚不清楚。

【发病规律】主要通过嫁接传染，随苗木、接穗、砧木和插条等繁殖材料传播。在自然条件下，葡萄皱木复合病的部分病原（如葡萄病毒A和葡萄病毒B）还可通过粉蚧近距离传播扩散。该美洲种砧木品种自根苗上潜伏侵染，嫁接在砧木上以后，部分植株症状明显。葡萄病毒A和葡萄病毒B能够通过汁液摩擦接种到草本寄主烟草上。

【防治方法】

（1）培育和栽植无病毒苗木　目前，培育和栽培无病毒苗木是防治葡萄皱木复合病最有效和简便易行的措施。繁育无病毒苗木，必须从无病毒品种及砧木母本树上采集接穗或插条。

（2）加强病树管理　拔除病苗、病树，加强苗圃和葡萄园检查，发现病苗、病树及时刨除，防止树根接触传染。刨除丧失结果能力的重病树及幼树，改植健树；大树轻微发病的，增施有机肥，适当重剪，增强树势，减轻为害。

葡萄金黄病

葡萄金黄病是由植原体造成的葡萄病害，此病传播性强，为害严重，可导致葡萄大量减产，甚至毁灭整个葡萄园。目前，我国尚未发现葡萄植原体病害，应加强检疫，以防此类病害传入我国。

【症状】葡萄金黄病的症状表现受葡萄品种、气候条件、染病时间和植株营养状况等诸多因素的影响。一般表现为：春季，病株萌芽延迟、生长减弱、节间变短；开花后出现叶脉黄化、叶片褪绿、向下卷曲、褪绿部分坏死、叶片早落等症状。夏季，叶片反卷加重，变厚、变脆。果实白色的品种叶片黄化（图10-91），果实红色的品种叶片变红（图10-92），变色叶片具有金属光泽，部分叶片中央部位坏死、干化。枝条成熟不一致，韧皮部纤维缺乏（下垂）。秋季主脉坏死，节间有时出现黑色泡状物、枝条纵裂，花序干燥，果穗失水枯萎，易脱落，严重者侵染第二年植株，造成死亡，部分幸存者能自然痊愈（不

图10-91　叶片黄化

图10-92　叶片变红

产生免疫），野生美洲葡萄品种无症状。

【病原】葡萄金黄病植原体（*Grapevine lavescencedoree* Phytoplasma）属原核生物界、植原体属、16SrV组，是一种无细胞壁、只有脆弱单位膜、多态型、存在于植物筛管细胞。菌体多为球形或椭圆形，形状多变而不固定，大小为80～1 000纳米。以出芽、断裂或二分裂方式繁殖。无鞭毛，大多不能运动。营养要求苛刻，难以人工培养。对四环素类敏感，不能进行革兰氏染色。

【发病规律】在田间葡萄金黄病主要通过葡萄带叶蝉（*Scaphoideus titanus* Ball.）传播，它以持久性方式从感病的葡萄向健康葡萄进行传播，但不能经卵传播。葡萄带叶蝉幼虫和成虫均能从快速生长的葡萄枝条上获得葡萄金黄植原体，4周潜伏期过后即可传播。叶蝉的飞行能力有限，靠自主飞行，每年传播扩散距离不远，但如果有强气流的帮助，就有可能扩散到很远的距离。葡萄带叶蝉在葡萄上完成整个生活史，并以卵的形态潜伏在藤条皮层下越冬。因此，葡萄带叶蝉可以随葡萄繁殖材料的调运作远距离传播。葡萄金黄病通过嫁接传播效率较低，因此带病菌的插条或接穗传播效率也不高。

【防治方法】

（1）加强检疫　不从疫区采集接穗、插条繁殖苗木，不从疫区调运砧木和品种苗木；在非疫区培育和栽植无病苗。

（2）防治媒介昆虫　剪除并销毁带虫卵的枝条，发芽前喷药防治叶蝉卵；可于叶蝉孵化3周内，喷洒一次80%敌敌畏乳油2 000倍液。

（3）热水处理成熟枝条　休眠的成熟枝条在45℃热水中处理3小时或在50℃热水中处理45分钟，可脱除植原体。

葡萄叶脉坏死病

目前，葡萄叶脉坏死病仅在新疆吐鲁番地区有报道。

【症状】葡萄叶脉坏死病症状可表现在葡萄叶片、嫩蔓和卷须上。叶片发病时，首先在幼叶的3～4级支脉上产生小型淡褐色坏死斑点，之后沿叶脉扩展，叶脉坏死，严重时坏死斑扩大，在叶片上呈现不规则、条形斑块（图10-93和图10-94）。幼蔓和卷须发病时，沿幼蔓和卷须出现暗褐色细条状坏死斑，之后许多条状病斑连片成大型坏死区域，卷须易干枯死亡。在温室条件下，葡萄易出现急性坏死症状，严重时新梢枯死甚至全株枯死。一般，沙地葡萄和冬葡萄及其杂交种易表现症状，而欧洲葡萄和大多美洲葡萄被侵染后呈潜隐状态。

图10-93　小型褐色坏死斑

图10-94　叶脉坏死且叶片具坏死斑

【病原】根据此病害的为害特点和传播方式认为是一种病毒，但至今尚未分离出来。

【发生规律】葡萄脉坏死病可通过嫁接进行传染。其他传播方式不详。带毒的葡萄苗木、接穗、插条和砧木等繁殖材料是此病害的主要传播方式。

【防治方法】

（1）繁育无病种苗　选择未发生过此病的地块作育苗苗圃，杜绝从患病园取插条或接穗。

（2）严格检疫　建园时应避免从病区引进种苗和接穗，苗木中若发现病株应彻底剔除烧毁。

葡萄黄点病（葡萄黄斑病）

葡萄黄点病也叫葡萄黄斑病。此病发生较广，全世界主要葡萄产区几乎均有分布。我国的许多葡萄园也常有发生。

【症状】葡萄黄斑病的症状主要表现在叶片上，症状一般在夏季中后期出现，以夏末更为明显。罹病叶片上发生较小的铬黄色斑点，散生，一至数个斑点非均匀分布在叶面上，有时为许多斑点密集成黄色斑块（图10-95）；有时沿主

图10-95　叶片上的黄色斑点

脉或第一枝脉上分布黄色斑点或斑块；有时叶脉上集聚的斑点众多，呈脉带状。总体看来很像扇叶病和铬黄花叶病的症状表现。黄斑病症状在一株树上大多只是在少数几个叶片上发生。

【病原】葡萄黄斑病的病原是一种类病毒（Grape Yellow Speckle Viroid，GYSV），类病毒是一种比病毒更为简单（仅有核酸而无蛋白）的微生物。现已证明，引起此病的病原类病毒有两种类型，即Ⅰ型和Ⅱ型，两种类型可单独侵染，也可混合侵染。

【发病规律】葡萄黄斑病的病原类病毒可以经汁液和嫁接传染。可通过带毒苗木、接穗、插条和砧木进行近、远距离传播，种子不传播此类病毒，其他传毒介体不详。此类病毒具有潜隐性，即葡萄植株虽然受侵染带毒，但常常并未表现症状，难于肉眼识别。

【防治方法】参见葡萄扇叶病的防治。

（二）生理性病害

葡萄日灼病

葡萄日灼病是葡萄普遍发生的一种自然伤害，又叫日烧。是由阳光直射果实使其局部失水而引起的病害。

【症状】该病主要发生在果穗肩部和向阳面，先是受害果粒表面出现黄豆粒大小、黄褐色、近圆形斑块，边缘不清晰，之后病斑不断扩大，出现水烫状褐色斑点，果肉组织坏死，逐渐扩大形成褐色椭圆形凹陷斑（图10-96和图10-97），最后整个果粒皱缩、变褐。坏死斑上易遭受病菌侵染而引起果实腐烂。有时葡萄叶片也可发生日灼。

图10-96　果粒呈现褐色凹陷斑

图10-97　整个果穗被害状

【防治方法】

（1）水肥管理　适当增施有机肥，提高土壤涵水能力。高温季节及时灌溉，保证土壤水分持续平衡供应。同时抹除摘心口的副芽眼（以免再抽副梢），避免果穗受阳光直射。

（2）化学防治　高温季节，结合其他病害防治，喷洒0.05%硫酸铜溶液，可增强葡萄的抗热性；在日烧病常发区，必要时可喷洒27%的无毒高脂膜乳剂80～100倍液，可有效地保护果穗免受日烧伤害。

葡萄水罐子病

葡萄水罐子病也称转色病、水红粒，各地局部发病。主要表现在果粒上，一般在果粒进入转色期后表现症状。

【症状】果实接近成熟时发生。含糖量低，含酸量高，含水量多，果实变软，皮肉极易分离，成为一泡酸水，用手轻捏水滴成串溢出而得此名，病果极易脱落（图10-98）。

【发病原因】葡萄水罐子病的发生主要是因树体营养不足、生理失调造成。一般在树势弱、摘心重、负载过量、肥料供应不足和有效叶面积小时容易发生；在地下水位高或成熟期遇雨，尤其是高温后遇雨，田间湿度大时，此病尤为严重。该病在玫瑰香、红地球、白牛奶等品种上较易发生。

图10-98　水罐子病

【防治方法】加强树体的综合管理，保证树体营养充足、生理平衡、维持健壮的树势是防治该病的根本途径。

果实大小粒

【症状】葡萄成熟的果穗中有时会出现许多小粒果实，多数小粒果实不着色，但也有部分小粒果也可着色、成熟（图10-99），一般小粒果实中没有种子，但小粒果没有商品价值。果穗中出现较多小粒果的现象称为果实大小粒，

图10-99　果实大小粒

它不仅影响果穗整齐度，使外观品质下降，也对产量有较大的影响。

【原因】在果实第一次速长期时，由于部分果实停止生长，果实体积不再增大，从而形成大小粒现象。葡萄大小粒的形成主要与授粉受精不良和树体营养及生长势有关。生产上前期若施氮肥过多、营养元素供应不平衡尤其是锌元素的缺乏、供水过多、修剪不合理等，易导致果实出现大小粒现象。

【防治方法】

（1）合理修剪，调节树势。对新梢摘心时间和强度及副梢处理方式务必考虑品种特性，因品种而异。

（2）平衡施肥，控制氮肥施用量，对缺锌植株及时补充锌肥。花前或花期使用硼肥，促进授粉受精。

（3）合理灌溉，花前控制水分供应，减少枝梢旺长。

（4）及时进行花、穗管理，如修整果穗、掐穗尖、疏果等。

缺磷

图10-100　缺　磷

【症状】植株生长缓慢，叶片小，叶色初为暗绿，逐渐失去光泽，叶缘向下，但不卷曲。叶边发红焦枯，最后变为青铜色，严重缺磷时叶片呈暗紫色，老叶首先表现症状（图10-100）。叶片变厚、变脆，发生早期落叶，花序、果穗变小，果实含糖量降低，成熟推迟。产量少，品质差。

【防治方法】

（1）矫正葡萄缺磷，应早施磷肥，作基肥施入。在秋冬施有机肥时，结合亩施50 ～ 80千克过磷酸钙（碱性土壤）或50 ～ 100千克钙镁磷肥（酸性土壤）。

（2）酸性土壤结合施用有机肥，亩施石灰40 ～ 70千克，调节土壤pH，以提高土壤磷的有效性。

（3）及时中耕排水，提高地温，增施腐熟的有机肥料，促进葡萄根系对磷的吸收。

（4）当症状出现时及时用1%过磷酸钙浸出（浸24 小时）过滤液，或0.2%磷酸二氢钾喷布树冠，间隔10天左右一次，连喷2 ～ 3次。在果实膨大至转色期进行2 ～ 3次根外追施0.2%磷酸二氢钾，提高果实品质。

缺钾

【症状】在生长季节初期缺钾，植株基部叶片叶缘褪绿发黄，继而在叶缘产生褐色坏死斑（图10-101），不断扩大并向叶脉间组织发展，叶缘卷曲下垂，叶片畸形或皱缩，严重时叶缘组织坏死焦枯，甚至整叶枯死。夏末，枝梢基部的老叶片表面直接受到阳光照射而呈现紫褐色至暗褐色，即所谓"黑叶"。黑叶症状先在叶脉间开始，若继续发展，可扩展到整个叶片的表面。植株受害后，叶片小，枝蔓发育不良，果实小，含糖量降低，整个植株易受冻害及其他病害的为害。

【防治方法】

（1）增施有机肥　如土肥或草秸，改变土壤结构以提高土壤肥力和含钾量。

（2）根部施肥　病害初发后，可于每株葡萄根际施用0.5 ～ 1.0千克草木灰或氯化钾100 ～ 150克，5 ～ 7天内即可见效，但不宜过多施用，以免造成缺镁症。

（3）根外追肥　外喷施2% ～ 3%草木灰浸出液或0.2%硫酸钾或0.2%磷酸二氢钾。

图10-101　缺　钾

缺硼

【症状】葡萄缺硼最初在新梢顶端的幼叶出现浅黄色褪绿斑，渐连成一片，最后变黄褐色枯死；叶片明显变小、增厚、发脆、皱缩；严重时叶畸变或引致叶缘焦枯。开花时花冠不开裂，变成赤褐色，留在花蕾上。花序干缩，结实不良。缺硼植株结实不良，即使结实，也常常是圆核或无核小粒，果梗细，果穗弯曲，称为"虾形果"。在果实膨大期缺硼可引起果肉组织褐变坏死（图10-102）。在葡萄硬核期缺硼易引起果粒维管束和果皮褐枯，成为"石葡萄"。

【防治方法】

（1）加强水肥管理　要合理施肥，增施腐熟的农家肥。干旱年份应注意适时灌水，避免葡萄根区干旱。

（2）叶面喷肥　花前3周、初花

图10-102　缺　硼

期、谢花期分别喷1 000 ～ 1 500倍液的水溶性硼（如多聚硼、富利硼等），或0.1%的硼砂（或硼酸）溶液，可提高坐果率和果实品质。

缺锌

【症状】葡萄缺锌时有两种症状，一种症状是新梢叶片变小，常称"小叶病"。叶片基部开张角度大，叶片边缘锯齿变尖，叶片不对称（图10-103）。另一种症状为花叶，叶脉间失绿变黄，叶脉清晰，具绿色窄边。褪色较重的病斑最后坏死（图10-104）。果穗往往生长散乱，果粒较正常少，出现大小粒（图10-105和图10-106），不整齐，产量下降。

【防治方法】

（1）改良土壤结构，增施有机肥　在沙地和盐碱地应增施腐熟的有机肥料。

（2）剪口涂抹锌盐　冬春修剪后，用硫酸锌涂抹结果母枝。即每升水加36%硫酸锌117克，把硫酸锌慢慢地加入水中，并快速搅拌，使其完全溶解。

（3）叶面施肥　葡萄开花前后分别喷布0.1% ～ 0.3%硫酸锌，不仅能促进浆果正常生长、提高产量和含糖量，同时也可促进果实提早成熟。

图10-103　小叶病　　　　　　　图10-104　花　叶

图10-105　果粒少　　　　　　　图10-106　大小粒

缺铁

【症状】葡萄缺铁症状最初出现在幼叶上，叶脉间黄化，叶小而薄，叶肉由黄色到黄白色（图10-107），再变为乳白色，仅沿叶脉的两侧残留一些绿色，新梢上的幼嫩叶片最先表现症状。当缺铁严重时，更多的叶面变黄，甚至呈白色。叶片严重褪绿部位常变褐和坏死，老叶则仍为绿色，这是缺铁症的特有症状。葡萄缺铁还可以造成新梢生长衰弱，花穗黄化，坐果减少。

图10-107　缺　铁

【防治方法】

（1）改良土壤结构，增施有机肥　深耕改土，防止土壤盐碱化和过分黏重。

（2）土壤施肥　缺铁严重的葡萄园可在秋冬结合深施有机肥，株施硫酸亚铁200克。

（3）叶面施肥　叶面喷施0.2%硫酸亚铁溶液，或叶片喷施螯合铁肥，生长前期7～10天喷一次，连续喷3～4次。为了增强葡萄叶片对铁的吸收，喷施硫酸亚铁时可加入少量食醋和0.3%尿素液，可促进叶片对铁的吸收、利用和转绿。

缺镁

【症状】从植株基部的老叶开始发生，最初老叶脉间褪绿，继而脉间发展成带状黄化斑纹（图10-108），多从叶片的内部向叶缘发展，逐渐黄化，最后叶肉组织黄褐坏死，仅剩下叶脉保持绿色（图10-109）。缺镁在生长初期症状不明显，从果实膨大期开始显症并逐渐加重，尤其是坐果量过多的植株，果实尚未成熟便出现大量黄叶，病叶不会马上脱落，严重时引起枯黄，提早脱落。

图10-108　叶片黄化

图10-109　缺镁

【防治方法】

（1）加强土壤管理　适当增施有机肥，注意不要过量偏施速效钾肥。

（2）根部施肥　在酸性土壤中可适当施用镁石灰或碳酸镁。在中性土壤中可施用硫酸镁。根施效果虽慢，但持效期长，当葡萄严重缺镁时还以根施效果为好，一般每株沟施300克。

（3）叶面施肥　在葡萄轻度缺镁时，可采用50倍液硫酸镁叶面喷洒，这样病树恢复较快。根据病情发展决定喷施次数。

缺钙

【症状】缺钙时表现生长点受阻，根尖和顶芽生长停滞，根系萎缩，根尖坏死，幼叶脉间及边缘褪绿，渐成褐色枯斑，缺钙严重时茎蔓先端枯死。果实向阳的一面呈黄色，皮孔周围有白色晕环；同时易发生缩果病和裂果（图10-110）。

图10-110　裂　果

【防治方法】

（1）改良土壤，增施有机肥　10月中下旬至11月上旬结合施腐熟禽畜粪每亩3 000 ～ 5 000千克、生石灰40 ～ 80千克（土壤黏重酸性强用量大些，亩施生石灰75 ～ 80千克；反之沙性土用量少些，亩施生石灰30 ～ 50千克），深翻改土，中和土壤酸性，调节土壤pH，改善土壤理化性状。

（2）叶面喷施钙肥　谢花后喷布绿芬威3号1 000倍液或0.3% ～ 0.5%硝酸钙或1%过磷酸钙浸出液，隔10天左右一次，连续喷3次。

（三）虫害

葡萄根瘤蚜

葡萄根瘤蚜[*Daktulosphaira vitifoliae*（Fitch）]属半翅目根瘤蚜科。葡萄根瘤蚜仅为害葡萄属植物，是葡萄的毁灭性害虫，为国际检疫害虫之一。目前，葡萄根瘤蚜随葡萄苗木的运输已传到了世界大部分葡萄种植地区，葡萄主产国仅智利宣称尚无葡萄根瘤蚜。

【为害特点】根瘤型葡萄根瘤蚜侵染寄主后，寄主须根肿胀，形成菱角形或鸟头状根，称为根结（图10-111），蚜虫多在凹陷的一侧（在根瘤外部）；侧根和大根被害后形成关节形的根瘤或粗隆，蚜虫多在根瘤缝隙处。也可为害叶片，叶片上形成大量红黄色瘤状物（图10-112）。枝条生长量减少，新根活力弱，伴随着叶片变黄，树势减弱，产量降低，果粒生长受阻，并且为害状逐年加重。葡萄根瘤蚜初侵染中心只有几株，很快从侵染中心呈放射状向周围扩散，形成"葡萄根瘤蚜杯"。葡萄根瘤蚜扩散速率非常快，被感染的葡萄株数以每年20倍的速度增加，随葡萄根瘤蚜的扩散，侵染中心常因植株根系的死亡导致种群数量逐渐减少，而"葡萄根瘤蚜杯"的周边植株上种群数量则逐渐增大。

| 图10-111 葡萄根瘤蚜为害根部 | 图10-112 葡萄根瘤蚜为害叶片 |

【形态特征】我国只存在根瘤型葡萄根瘤蚜，因此，在这里只介绍这一种类型的形态特征。

无翅成蚜：体呈卵圆形，长为0.9毫米左右，宽为0.5毫米左右，淡黄色或黄褐色。头部颜色稍重，触角及足黑褐色。背部具有浓黑色瘤状突起，突起头在黑色瘤状突起上着生1～2根刺毛。复眼红色，由3个小眼组成。触角3节，第一、二节等长，较短，第三节最长。3对胸足约等长，上有细毛，第二跗节前端有2根长的冠状毛及1对爪(图10-113和图10-114)。

卵：长椭圆形，体长约为0.37毫米，初产时淡黄至黄绿色，后渐变为暗黄绿色。

若虫：初孵若虫为淡黄色，触角及足无色，半透明。一龄若虫椭圆形，头及胸部大，腹部小，复眼红色，触角3节，直达腹末，第三节端部有一感觉圈，各节具细毛，口针7节，长达腹部末端。二龄后身体呈卵圆形，经4次蜕皮后变为成虫（图10-115）。

图10-113 显微镜下葡萄根瘤蚜
成虫及卵

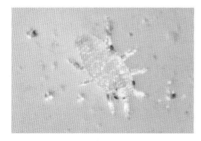

图10-115 葡萄根瘤蚜若虫

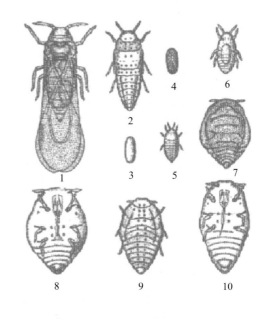

图10-114 葡萄根瘤蚜各虫态
1.有翅型成虫 2.有翅型若虫 3.有性卵 4.无性卵
5.有性型雄虫 6.有性型雌虫（腹面） 7.叶瘿型成虫（背面）
8.叶瘿型成虫（腹面） 9.根瘤型成虫（背面）
10.根瘤型成虫（腹面）

【生活史及习性】葡萄根瘤蚜的生活史比较复杂，其虫态可分为完整生活史虫态和不完整生活史虫态（图10-116）。完整生活史虫态有：越冬卵→干母（若蚜、无翅成蚜）→干雌（卵、若蚜、无翅成蚜）→叶瘿型（卵、若蚜、无翅成蚜）→无翅成蚜根瘤型（卵、若蚜、无翅成蚜）→有翅蚜（性母）→有性蚜（卵、成蚜）→越冬卵。不完整的生活史虫态有：根瘤型葡萄根瘤蚜卵→若蚜→无翅成蚜→卵。其年生活史由孤雌生殖世代和两性生殖世代交替构成，不全周期型，其年生活史中仅有孤雌生殖世代。寄主是决定葡萄根瘤蚜生活史类型的关键，在美洲野生葡萄、美洲系葡萄品种或用美洲系作砧木的欧洲系葡萄品种上具有完整的生活史，而在欧洲系葡萄品种上生活周期不完整，只有根瘤型，无叶瘿型。

图10-116 葡萄根瘤蚜的生活史

葡萄根瘤蚜的年发生代数因地而异，根瘤型1年发生5～9代，具体发生代数因不同地区而有所差异。以若虫或卵在葡萄根际越冬。叶瘿型1年发生3～5代，以卵越冬。全周期型的根瘤蚜仅在秋末才进行两性生殖。两性生殖时，一般7月上旬可见有翅若蚜，9月下旬至10月为发生盛期。有翅成蚜在美洲野生葡萄上产大小不同的未受精卵，其中大卵孵化为雌蚜，小卵孵化为雄蚜，雌、雄交配后产越冬卵越冬。翌年春季越冬卵孵出的若蚜在叶片上为害，形成虫瘿，虫瘿内的根瘤蚜可以繁殖多代，在叶瘿中为害或形成新的叶瘿，但第二代以后，叶瘿型蚜可以转入土中为害根系，形成根瘤型蚜，每头雌蚜产卵量100～150粒。在山东烟台7～8月每头雌蚜产卵39～86粒，若虫期12～18天，成蚜寿命14～26天。葡萄根瘤蚜越冬若虫及卵能耐低温，只有在土温低于−14℃时才死亡。越冬若虫在翌春温度13℃时开始活动。水温低于42℃时，浸泡对其没有伤害，但水温超过45℃时浸泡5分钟，卵全部死亡。葡萄园全园淹水并不能完全消灭葡萄根瘤蚜，其仍能保持一定的存活率。

【防治方法】

（1）严格检疫　在检疫苗木时要特别注意根系所带泥土有无蚜卵、若蚜和成蚜。苗木、种条调运前和栽种前进行消毒处理。坚决消灭发现有葡萄根瘤蚜为害的葡萄树尽早挖除、烧毁，并用辛硫磷处理土壤。

（2）改良土壤或沙地栽培　根瘤型蚜适宜于山地黏土、壤土或含有大块砾石的黄黏土，在这一类型的土壤中发生多、为害重，而沙土地中则发生少或根本不发生。可通过改良土壤或土壤类型选择，进行葡萄根瘤蚜的防控。

（3）化学防治　施用农药只作为压低种群数量的临时措施。在4～5月及9～10月葡萄根系两个快速生长期之前或前期，每个时期使用1～2次药剂；如果使用两次，间隔期7～15天；每年用药剂2～4次。土壤翻耕后泼浇50%辛硫磷乳油500倍液或10%可湿性粉剂1 500倍液、20%啶虫脒可溶性粉剂1 500倍液等；或者使用毒土法：每亩用50%辛硫磷乳油250克或10%辛硫磷可湿性粉剂100克、20%啶虫脒可湿性粉剂100克，配毒土30千克施用。

绿盲蝽

绿盲蝽 [*Apolygus lucorum* (Meyer-Dür)] 属半翅目盲蝽科。除海南、西藏以外，绿盲蝽在我国其他省（自治区、直辖市）均有分布，北起黑龙江，南迄广东、广西，西至新疆、甘肃、青海、四川、云南，东达沿海各省。绿盲蝽主要在长江流域和黄河流域地区发生为害。绿盲蝽的寄主植物种类繁多，我国已记载的有38科150余种，可为害果树、蔬菜、棉花、苜蓿等多类作物。在20世纪50年代初曾在我国黄河流域和长江流域的棉区暴发成灾。1997年转基因抗虫棉的大面积推广，较好地控制了棉铃虫等鳞翅目的害虫种群和为害，使棉田使用化学农药次数减少，形成了有利于绿盲蝽发生和繁衍的环境条件，虫源基数逐年增加，使其逐渐成为棉花、葡萄、枣树、苹果及蔬菜等多种作物上的重要害虫。

【为害特点】绿盲蝽以成、若虫刺吸为害葡萄的幼芽、嫩叶、花蕾和幼果（图10-117和图10-118），刺吸的过程分泌多种酶类物质，使植物组织被酶解成可被其吸食的汁液，造成为害部位细胞坏死或畸形生长。葡萄嫩叶被害后，先出现枯死小点，随叶芽伸展，小点变成不规则的孔洞，叶片皱缩不平，俗称破叶疯（图10-119和图10-120）；花蕾受害后即停止发育，枯萎脱落（图10-121）；受害幼果粒初期表面呈现不很明显的黄褐色小斑点，随果粒生长，小斑点逐渐扩大，呈黑色，严重受害果粒表面木栓化，随果粒的继续生长，受害部位发生龟裂，严重影响葡萄的产量和品质（图10-122和图10-123）。

图10-117　成虫为害叶片

图10-118　若虫为害叶片

图10-119　叶片皱缩

图10-120　"破叶疯"

图10-121　绿盲蝽为害花蕾

图10-122　幼果被害

图10-123　果粒上的黑色斑点

【形态特征】

成虫：体长5～5.5毫米，宽2.5毫米，全体绿色。头宽短，头顶与复眼的宽度比约为1.1：1。复眼黑褐色、突出，无单眼。触角4节，比身体短，第二节最长，基两节黄绿色，端两节黑褐色。喙4节，端节黑色，末端达后足基节端部。前胸背板深绿色，密布刻点。小盾片三角形，微突，黄绿色，具浅横

皱。前翅革片为绿色，革片端部与楔片相接处略呈灰褐色，楔片绿色，膜区暗褐色。足黄绿色，腿节膨大，后足腿节末端具褐色环斑，胫节有刺。雌虫后足腿节较雄虫短，未超腹部末端。跗节3节，端节最长，黑色。爪二叉，黑色（图10-124）。

图10-124　绿盲蝽成虫

卵：白色或黄白色长1毫米左右，宽0.26毫米，香蕉形，端部钝圆，中部略弯曲，颈部较细，卵盖黄白色，中央凹陷，两端稍微突起（图10-125）。

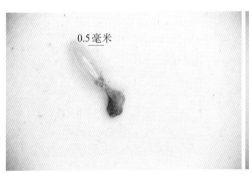

0.5毫米

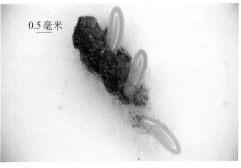

0.5毫米

图10-125　绿盲蝽卵

图10-126 绿盲蝽若虫

若虫：共5龄，洋梨形，全体鲜绿色，被稀疏黑色刚毛。头三角形。唇基显著，眼小，位于头两侧。触角4节，比身体短。腹部10节，臭腺开口于腹部第三节背中央后缘，周围黑色。跗节2节，端节长，端部黑色。爪2个（图10-126）。

【生活史及习性】1年发生3～5代，绿盲蝽发生世代数因地域不同而异。主要以卵在葡萄茎蔓、枣、苹果树的皮缝、芽鳞、枯枝断面（图10-127）、其他植物断面的髓部以及杂草或浅层土壤中越冬。翌年4月中旬左右，平均气温在10℃以上越冬卵孵化为若虫，4月下旬，葡萄萌芽后即开始为害，5月上、中旬展叶盛期为为害盛期，5月中、下旬幼果期开始为害果粒，5月下旬以后气温渐高，虫口渐少。第一、二、三、四代分别出现在6月上旬、7月中旬、8月中旬、9月中旬，世代重叠现象严重，主要转移到豆类、玉米、蔬菜等作物上为害。9月下旬至10月上旬产卵越冬。

图10-127 越冬卵

成虫飞翔能力强，若虫活泼，稍受惊动，迅速爬迁。主要于清晨和傍晚刺吸为害，白天潜伏不易发现，这就是常只看到破叶不见虫的原因。成虫寿命较长，30～40天，羽化后6～7天开始产卵，产卵期可持续20～30天，且产卵一般具有趋嫩性，多产于幼芽、嫩叶、花蕾和幼果等组织内，但越冬卵大多产于枯枝、干草等处。绿盲蝽喜温暖、潮湿环境，高湿条件下，雨多的年份，发生较重。气温20～30℃、相对湿度80%～90%最易发生为害。

【防治方法】

绿盲蝽具有很强的迁移性，因此局部地块的防治对绿盲蝽区域性种群控制作用不大，需采取大面积的"统防统治"。

（1）农业防治　清除枝蔓上的老粗皮，剪除有卵剪口、枯枝等。及时清除葡萄园周围棉田中的棉柴、棉叶，清除周围果树下及田埂、沟边、路旁的杂草及刮除四周果树的老翘皮，剪除枯枝集中销毁，减少、切断绿盲蝽越冬虫源和早春寄主上的虫源。

（2）物理防治　利用频振式杀虫灯诱杀成虫。绿盲蝽成虫有明显的趋光性，在果园悬挂频振式杀虫灯，每台灯有效控制半径在100米左右，有效控制面积约4公顷，可有效减少成虫种群数量。

（3）化学防治　早春葡萄芽前，全树喷施一遍3波美度的石硫合剂，消灭越冬卵及初孵若虫。越冬卵孵化后，抓住越冬代低龄若虫期，适时进行化学防治。常用药剂有：10%吡虫啉乳油1 000倍液，35%啶虫脒乳油3 500倍液、2.5%高效氯氰菊酯微乳剂2 000倍液、20%氯氰菊酯乳油20 000倍液、2%阿维菌素乳油2 000～3 000倍液。连喷2～3次，间隔7～10天。

温馨提示

喷药一定要细致、周到，对树干、地上杂草及行间作物全面喷药，做到树上、树下、喷严、喷全，以达到较好的防治效果。注意绿盲蝽具有昼伏夜出习性，成虫白天多潜伏于树下、沟旁杂草内，在夜晚和清晨为害。所以，喷药防治要在太阳未出前的早晨或落山后的傍晚进行，以达到较好的防治效果。绿盲蝽喜潮湿，连续降雨后田间常出现绿盲蝽种群数量剧增、为害加重的现象。为此，在雨水多的季节，应及时抢晴防治，以免延误最佳防治时机。

（4）生物防治　绿盲蝽的主要为龟纹瓢虫、七星瓢虫、中华草蛉、大草蛉、小花蝽、T纹豹蛛、三突花蛛、草间小黑蛛等。天敌对绿盲蝽有较好的抑制作用，因此，在进行化学防治时，要以保护天敌为前提，尽量选用对天敌毒性小的杀虫剂，充分保护天敌，同时也能有效地控制绿盲蝽数量，例如阿维菌素类、灭幼脲3号、苏云金杆菌（Bt）等。

温馨提示

幼果期葡萄黑痘病、绿盲蝽为害状、以及药害在葡萄果实上的症状表现相似，均为黑色小斑点，极易混淆误防。葡萄黑痘病斑点在果面随机分布，除黑色外，也有红褐色或黑褐色斑点。斑点大小有差异，后期病斑常龟裂，严重时连成片。绿盲蝽为害产生的斑点在果面随机分布，小且稍有突起，后期木栓化。药害产生的斑点在果面分布较为均匀，但大小相对不均，后期形成枯斑。植株不同方向、不同部位轻重不同。

葡萄斑叶蝉

葡萄斑叶蝉[*Erythroneura apicalis*（Nawa）]属半翅目叶蝉科。除为害葡萄外，还可为害桃、梨、苹果、樱桃、山楂等果树。葡萄斑叶蝉主要分布在我国新疆、甘肃、陕西、辽宁、北京、河北、山东、河南、湖北、安徽、江苏、浙江等省份葡萄产区，尤其在管理粗放的果园中发生严重。

【为害特点】葡萄斑叶蝉在葡萄的整个生长季均可造成危害，以成虫、若虫群集于叶片背面刺吸汁液为害。一般喜在郁闭处取食，故为害首先从枝蔓中下部老叶和内膛开始逐渐向上部和外围蔓延。叶片受害后，正面呈现密集的白色失绿斑点（图10-128），严重时叶片苍白、枯焦，严重影响叶片的光合作用、枝条生长和花芽分化，造成葡萄早期落叶，树势衰退。叶蝉排出的粪便污染叶片和果实，造成黑褐色粪斑（图10-129），影响当年及翌年果实的质量和产量。

图10-128　叶片具密集的白斑点

图10-129　果实被害

【形态特征】

成虫：体长2.9～3.3毫米，淡黄色，头顶上有两个明显的圆形斑点。复眼黑色，前缘有若干个淡褐色小斑点，有时消失，中央有暗色纵纹。小盾片前缘左右各有1个三角形黑纹。腹部的腹节背面具黑褐色斑块。足3对，其端爪为黑色。翅半透明，翅面斑纹大小变化很大，有的虫体斑纹色深，有的则全无斑纹，翅面颜色以黄色型居多。雄虫色深，尾部有三叉状交配器，黑色稍弯曲。雌虫色淡，尾部有黑色的桑葚状产卵器，其上有突起（图10-130）。

图10-130　葡萄斑叶蝉

卵：长约0.6毫米，长椭圆形，呈弯曲状，乳白色，稍透明。

若虫：初孵若虫体长约0.5毫米，呈白色，复眼红色，二、三龄若虫呈黄白色，四龄体呈菱形，体长约2毫米，复眼暗褐色，胸部两侧可见明显翅芽。刚蜕皮时，体嫩，在叶背面不活动，受惊后活动很慢，稍后变快。

【生活史及习性】 葡萄斑叶蝉以成虫在葡萄枝条老皮下、枯枝落叶、石块、石缝、杂草丛等隐蔽场所越冬，越冬前体色变为褐色、橘黄色、绿色或土黄色。越冬成虫离开越冬场所后，首先在梨、杏、桑、枣、白杨及榆树等树木上活动，但不产卵，4月中旬左右进入葡萄园为害。无修剪、不通风、湿度高、靠近树林等地的葡萄园易受害。

【防治方法】

（1）冬季清园　冬季修剪后及时清除果园落叶、周边杂草，并集中烧毁或深埋，清理越冬虫源场所。

（2）黄板诱杀　利用黄板防治葡萄斑叶蝉，是一种事半功倍的防治措施，尤其是针对越冬代葡萄斑叶蝉，因其发生比较分散，早期虫口密度较低，大田喷药效果常不佳。黄板防治在葡萄的整个生长期均可使用，悬挂于架面靠近根部的第一或第二道铁丝上，与铁丝方向平行，黄板上端距离葡萄架面10厘米为宜，每667米^{2}用量20～30块。当葡萄斑叶蝉沾满黏虫板时，需要更换黏虫板或重新涂胶。

（3）加强果园管理　葡萄生长期及时清除田园杂草，合理修剪，保持果园架面通风透光。

（4）化学防治　宜在早晨或黄昏于葡萄斑叶蝉活动性弱时施药，要求喷洒均匀，尤其是叶背面均匀施药。喷雾防治时要先葡萄园周围，后向中心地带聚集喷施，防止葡萄斑叶蝉向周边扩散为害，喷雾时喷头自下而上喷雾。在葡萄斑叶蝉发生期，可采用的防治药剂有：45%高效氯氰菊酯乳油 1 500 倍液、20%啶虫脒乳油 5 000 倍液、70%吡虫啉乳油 5 000 倍液、25%噻虫嗪水分散粒剂 10 000 倍液或 25%吡蚜酮悬浮剂 5 000 倍液。

温馨提示

葡萄斑叶蝉的防治应抓好3个关键时期：抓好早春越冬代防治，可于越冬代成虫产卵前对田边、地头、葡萄架下及葡萄枝蔓用药进行均匀喷雾；狠抓一代若虫防治；于葡萄斑叶蝉迁移到越冬场所前，全面防治以减少越冬虫源基数。

葡萄二黄斑叶蝉

葡萄二黄斑叶蝉（*Erythroneura* sp.），属半翅目叶蝉科。常与葡萄斑叶蝉在葡萄上常混合发生。

图10-131　叶片被害状

图10-132　葡萄二黄斑叶蝉成虫

【为害特点】主要以成虫和若虫群集于叶片背面为害（图10-131）。参照葡萄斑叶蝉。

【形态特征】

成虫：体长约 3 毫米，头顶前缘有两个黑色小圆点，复眼黑或暗褐色，前胸背板中央具暗色条纹，前缘有 3 个黑褐色小斑点。小盾片淡黄白色，前缘左右各有 1 个较大黑褐色斑点。前翅表面暗褐色，后缘各有近半圆形的淡黄色区两处，两翅合拢后在体背可形成两个近圆形的淡黄色斑纹。成虫颜色有变化，越冬前为红褐色（图10-132）。

卵：和葡萄斑叶蝉的卵相似。

若虫：末龄若虫体长约1.6毫米，紫红色，触角、足体节间、背中线淡黄白色。

【生活史及习性】葡萄二黄斑叶蝉越冬成虫于4月中、下旬产卵，5月中旬开始出现一代若虫，5月底至6月上旬出现第一代成虫，以后世代重叠，第二代成虫以8月上、中旬发生最多，以此代为害较盛，第三、四代成虫主要于9、10月发生，10月中、下旬陆续越冬。除此之外，其他生活习性与葡萄斑叶蝉相似。成虫以上午和阴天活动取食，中午太阳光强时隐蔽于叶背处，成虫活泼，受惊扰后即飞往其他地方。

【防治方法】参照葡萄斑叶蝉。

斑衣蜡蝉

斑衣蜡蝉[*Lycorma delicatula*（White）]又称椿皮蜡蝉，斑蜡蝉。属于半翅目蜡蝉科。在我国葡萄产区广泛分布。寄主种类广泛，除为害葡萄外，还为害桃、梨、李、石榴、翠菊、桂花、香椿、山桃、珍珠梅、杨、合欢等多种植物。

【为害特点】以成虫、若虫群集在叶背、嫩枝上刺吸为害（图10-133和图10-134），被害叶有淡黄色斑点，严重时叶片穿孔、破裂；被害枝黑色，易发生煤污病或嫩梢萎缩畸形，影响植株的生长和发育，严重时引起表皮枯裂，甚至死亡。

图10-133 若虫为害嫩枝和叶片

图10-134 若虫为害枝条

图10-135 成　虫

【形态特征】

成虫：体长15～20毫米，翅展40～55毫米，翅上覆白色蜡粉。头向上翘，触角3节，刚毛状，红色，基部膨大。前翅革质，基部淡灰褐色，分布20个左右的黑点，端部黑色，脉纹色淡，后翅基部红色，有8个左右黑褐斑点，中部白色半透明，端部黑色（图10-135）。

卵：椭圆形，长约3毫米，褐色，形似麦粒，表面覆盖灰褐色蜡粉。

若虫：似成虫，头尖足长，身体扁平，初孵化时为白色（图10-136），后变为黑色，体表有许多小白点（图10-137）。四龄体背呈红色，具有黑白相间的斑点（图10-138）。

图10-136 初孵若虫

图10-137 斑衣蜡蝉若虫

图10-138 斑衣蜡蝉四龄若虫

【生活史及习性】 一年发生1代。以卵在枝杈或附近建筑物上越冬。次年4月中旬后陆续孵化为若虫，若虫危害嫩茎和叶片，受惊扰即跳跃逃避。6月中旬后出现成虫，8月成虫交尾产卵，直到10月下旬。虫卵多产于树枝阴面，一般一个卵块有卵40～50粒，排列整齐，表面有蜡粉。成虫寿命长达4个月，为害至10月下旬陆续死亡。8～9月为害最重。

【防治方法】

（1）**农业防治** 营造混交林，忌种喜食性寄主树木，果园内及附近不种植臭椿、苦楝等喜食寄主，以减少虫源，减轻为害。

（2）**人工防治** ①铲除卵块。结合冬春修剪和果园管理，剪除有卵块的枝条或刷除卵块。②人工捕杀成虫。产卵期由于成虫行动迟缓，可在清晨气温较低时，人工捕捉成虫，可有效地减少虫量。

（3）**生物防治** 利用斑衣蜡蝉的寄生性与捕食性天敌，如螯蜂和平腹小蜂，也能起到一定的抑制作用。

（4）**化学防治** 防治关键时期为幼虫发生盛期。常用药剂有：高效氯氰菊酯、溴氰菊酯、氰戊菊酯、辛硫磷、马拉硫磷、功夫菊酯等。

水木坚蚧

水木坚蚧[*Parthenolecanium corni*（Bouche）] 属半翅目蚧科。又叫东方盔蚧、扁平球坚蚧、糖槭盔蚧。在我国广泛分布在河北、河南、山东、山西、江苏、青海等葡萄产区。主要寄主有桃、杏、苹果、梨、山楂、核桃、葡萄、刺槐、国槐、白蜡、合欢等50多个科的植物。其中，以葡萄、苹果、梨、山楂、桃、刺槐、糖槭受害较重。

【为害特点】 以雌成虫、若虫为害葡萄枝干、叶片和果实（图10-139至图10-141）。雌成虫和若虫附着在枝干、叶和果穗上刺吸汁液，并排出大量黏液，招致霉菌寄生，表面呈现烟煤状，严重影响叶片的光合作用，枝条严重受害后枯死，果面被污染，造成树势衰弱，使产量和品质受到严重影响。

图10-139 水木坚蚧为害枝干（1）

图10-140　水木坚蚧为害枝干（2）　　　　图10-141　水木坚蚧为害果实

【形态特征】

成虫：雌成虫体黄褐色或红褐色，扁椭圆形，体长3.0～6.5毫米，体宽2.0～4.0毫米，体背中央有4纵排断续的凹陷，凹陷内外形成5条隆脊。体背边缘有横列的皱褶排列较规则，腹部末端具臀裂缝。雄成虫头部红黑色，体红褐色，体长1.2～1.5毫米，宽约0.5毫米。具1对发达前翅，呈黄色（图10-142和图10-143）。

图10-142　成虫正面　　　　　　　　图10-143　成虫背面

卵：长椭圆形，淡黄白色，长径0.2～0.25毫米，短径0.10～0.15毫米，近孵化时呈粉红色，卵上微覆蜡质白粉。

若虫：一龄若虫体扁椭圆形，体长0.4～1.0毫米，体宽0.3～0.6毫米。淡黄白色，体背中央1条灰白色纵线。气门路上五格腺3个。二龄若虫体椭圆形，体长约2毫米。灰黄色或浅灰色，气门路上五格腺11～15个。

【生活史及习性】东方盔蚧在葡萄上每年发生2代，以二龄若虫在枝蔓的裂缝、叶痕处或枝条的阴面越冬。翌年4月葡萄出土后，随着气温升高越冬若虫开始活动，爬至1～2年生枝条或叶上为害。4月上旬虫体开始膨大并蜕皮变为成虫，4月下旬雌虫体背膨大并硬化，5月上旬开始产卵在体下介壳内，5月中旬为产卵盛期，通常孤雌生殖，每雌产卵1 400～2 700粒，卵期20～30天。5月下旬至6月上旬为若虫孵化盛期，若虫爬到叶片背面固定为害，少数固定于叶柄。6月中旬蜕皮为2龄若虫并转移到当年生枝蔓、穗轴、果粒上为害，7月上旬羽化为成虫。7月下旬至8月上旬产卵，第二代若虫8月中旬为孵化盛期，仍先在叶上为害，9月蜕皮为2龄后转移到枝蔓越冬。此虫在红玫瑰、金后、红鸡心、龙眼上发生严重。该虫的捕食性天敌有黑缘红瓢虫、小红点瓢虫等，黑缘红瓢虫是其主要天敌，1头黑缘红瓢虫一生可食2 000余头个体。田间寄生蜂的寄生率一般可达10%。

【防治方法】

（1）杜绝虫源　注意不要采用带虫接穗，苗木和接穗出苗圃要及时采取处理措施。果园附近防风林，不要栽植刺槐等寄主林木。

（2）冬季清园　在葡萄埋土防寒前，清除枝蔓上的老粗皮，减少越冬虫口基数。春季发芽前喷3～5波美度石硫合剂，消灭越冬若虫。

（3）生物防治　保护和利用天敌，少用或避免使用广谱性农药，以减少对黑缘红瓢虫等天敌的杀伤。

（4）化学防治　抓住两个防治关键期：4月上中旬，虫体开始膨大时；5月下旬至6月上旬第一代若虫孵化盛期。发生严重果园于6月下旬加施一次。常用药剂：25%噻虫嗪水分散粒剂、25%噻嗪酮悬浮剂、48%毒死蜱乳油、30%乙酰甲胺磷乳油、24%螺虫乙酯悬浮剂等。发生严重的葡萄园，喷药时加入渗透剂，可提高防治效果。

康氏粉蚧

康氏粉蚧[*Pseudococcus comstocki*（Kuwana）]属半翅目粉蚧科。国内分布于吉林、辽宁、河北、北京、河南、山东、山西、四川等省市。食性很杂，除为害葡萄外，还为害苹果、梨、山楂、桃、李、杏、樱桃、梅、板栗、核桃、柿、枣等多种果树及桑、杨、柳及蔬菜等多种植物。

【为害特点】以雌成虫和若虫黏附在葡萄的嫩芽、嫩叶、果实、枝干的刺吸汁液（图10-144）。嫩枝受害后，被害处肿胀，严重时造成树皮纵裂而枯死。果实被害时，造成组织坏死，出现大小不等的褪色斑点、黑点或黑斑，为害处该虫所产白色棉絮状蜡粉等污染果实；排泄蜜露到果实、叶片、枝条上，造成污染，湿度大时蜜露上产生杂菌污染，形成煤污病；有煤污病的果实彻底失去

图10-144　康氏粉蚧为害果实

图10-145　康氏粉蚧成虫和若虫

食用和利用价值。

【形态特征】

成虫：雌成虫体长约5毫米，宽约3毫米，椭圆形，淡粉红色，被较厚的白色蜡粉。体缘具17对白色蜡刺，蜡丝基部粗向端渐细，体前端的蜡丝较短，向后渐长，最后1对最长，与体长接近。眼半球形，触角8节，足较发达，疏生刚毛。雄成虫体长约1.1毫米，翅展2毫米左右，紫褐色，触角和胸背中央色淡，单眼紫褐色，前翅发达透明，后翅退化为平衡棒。尾毛较长（图10-145）。

卵：椭圆形，长0.3～0.4毫米，浅橙黄色，附有白色蜡粉，产于白色絮状卵囊内。

若虫：雌3龄，雄2龄，一龄若虫椭圆形，长约0.5毫米，淡黄色，眼近半球形，紫褐色，体表两侧布满纤毛；二龄体长约1毫米，被白色蜡粉，体缘出现蜡刺；三龄体长约1.7毫米，与雌成虫相似。

雄蛹：长约1.2毫米，淡紫褐色，裸蛹。茧体长2.0～2.5毫米，长椭圆形，白色絮状。

【生活史及习性】1年发生3代，主要以卵在树体各种缝隙及树干基部附近土石缝处越冬，翌春葡萄发芽时，越冬卵孵化，爬到枝叶等幼嫩部分为害。第一代若虫盛发期为5月中、下旬，第二代为7月中、下旬，第三代为8月下旬。该虫第一代为害枝干，第二、三代以为害果实为主。若虫发育期雌虫为35～50天，蜕皮3次即为雌成虫，雄虫为25～37天，蜕皮2次后化蛹，雄成虫羽化的时期，适值雌虫蜕第三次皮而为雌成虫，雌雄交尾。交尾后雄虫死亡，雌虫取食一段时间爬到枝干粗皮裂缝间、树叶下、枝杈处、果实上分泌卵囊，而后将卵产于卵囊内。每雌虫产卵约200～400粒，以末代卵越冬。康氏粉蚧喜在阴暗处活动，套袋内是其繁殖为害的最佳场所，因此，套袋果园、树冠郁闭、光照差的果园发生较重。

【防治方法】

（1）降低越冬虫口基数　果实采收后及时清理果园，将虫果、旧纸袋、落叶等集中烧毁或深埋。葡萄埋土防寒前（或出土上架时），清除枝蔓上的老粗皮，减少越冬虫口基数。春季发芽前喷3～5波美度石硫合剂，消灭越冬卵和若虫。

（2）生长期防治　生长期应抓住各代若虫孵化盛期。花序分离到开花前是防治第一代康氏粉蚧的关键时期，这是最重要一次防治，因此要根据虫口密度适时用药1～2次。套袋前的防治非常重要；套袋后，康氏粉蚧有向袋内转移为害特点，所以套袋后3～5天是防治该虫的第三个最佳时期。药剂种类和用法同东方盔蚧。

葡萄粉蚧

葡萄粉蚧[*Pseudococcus maritimus*（Ehrhorn）]属半翅目粉蚧科，主要为害葡萄，还可以为害枣树、槐树、桑树等，是近年来葡萄上新发生的介壳虫种类。该虫主要在我国的新疆及山东等省份发生。

【为害特点】以若虫和雌虫隐藏在老蔓的翘皮下、主蔓、枝蔓的裂区、伤口和近地面的根上等部位，集中刺吸汁液为害，使被害处形成大小不等的丘状突起。随着葡萄新梢的生长，逐渐向新梢上转移，集中在新梢基部刺吸汁液为害（图10-146）。受害严重的新梢失水枯死，受害偏轻的新梢不能成熟和越冬。叶腋和叶梗受害后叶片失绿发黄，干枯，果实的穗轴、果梗、果蒂等部位受害后，造成果粒畸形，果蒂膨大粗糙。葡萄粉蚧刺吸为害的同时，还分泌黏液，易招致霉菌滋生，污染果穗，影响果实品质。

图10-146　粉蚧为害枝蔓

【形态特征】

成虫：雌成虫无翅、体软、椭圆形，体长4.5～5.0毫米，暗红色，腹部扁平，背部隆起，体节明显，体前部节间较宽，特别是1～3节较宽，后部节间较窄，向尾部节间逐渐缩小，体被白色蜡粉，体周缘有17对锯齿状蜡毛，锯齿状蜡毛从头部到腹末逐渐增长。成熟的雌虫较大，肉眼可以看出虫体。产卵时分泌棉絮状卵囊，产卵于其中。雄成虫体长约1.1毫米，翅展2毫米，白色透明，翅有2条翅脉，后翅退化成平衡棒。腹末有1对较长的白色针状蜡毛，虫体暗红色，触角线状且较长，足发达。

卵：共2龄。暗红色、椭圆形，卵粒很小，长约0.3毫米，肉眼难以辨清。

若虫：初孵若虫长椭圆形，暗红色，虫体很小，触角和足发达，有1对触角，3对足，触角线状共6节。体分节不明显，背部无白色蜡粉，一龄若虫蜕皮后进入二龄若虫期，体上逐渐形成蜡粉和体节，随着虫体膨大、蜡粉加厚，体分节明显，体周缘逐渐形成锯齿状蜡毛，进入雌成虫期。一龄若虫雌雄无差异，蜕皮后雄虫化蛹。

蛹：紫红色，裸蛹。

【生活史及习性】 新疆1年发生3代，第二代和第三代有世代重叠现象。以若虫在老蔓翘皮下，裂开处和根基部分的土壤内群体越冬。翌年3月中、下旬葡萄树出土萌动时开始活动为害，并继续发育，4月底至5月初即葡萄树长出新梢期葡萄粉蚧开始产卵，5月中旬为第一代卵盛期，6月下旬为雄虫羽化、两性交配盛期。7月中旬为第二代卵盛期，若虫于7月上旬孵化，7月下旬为孵化盛期，第二代雌成虫8月中旬出现，8月上旬雄虫羽化，8月下旬至9月上旬为雄虫羽化、两性交配盛期。8月下旬即中熟葡萄果实成熟期开始产卵，9月中旬为第三代卵盛期，若虫于9月初孵化，9月下旬为孵化盛期，10月开始越冬。早春温暖少雨，利于越冬代若虫的早发育及取食产卵。冬季气温过低且延长，则会使越冬代若虫大量死亡。夏季气温高，降水量少，有利于一代和二代卵以及若虫的早发育。秋季气温偏高延长，有利于三代卵的完全孵化。

【防治方法】

（1）加强检疫 该害虫主要靠苗木、果实运输传播。因此，运输苗木或果实前要加强检疫，防止扩散蔓延。

（2）农业防治 加强葡萄园的管理，增施有机肥料，增强树势，提高抗虫能力；冬季清园、翻耕、结合修剪剪去虫枝，将葡萄园的杂草、落叶、枯枝、黄叶清除干净，集中烧毁，以减少越冬虫源；在5月中旬、9月中旬各代成虫产卵盛期人工刮除树皮，可消灭老皮下的卵。

（3）生物防治 葡萄粉蚧自然天敌较多，如跳小蜂、黑寄生蜂等，用药应注意避免伤及天敌，以发挥自然控制因素。

（4）化学防治 防治关键阶段有4个阶段，第一阶段为3月中、下旬葡萄出土上架后至成虫产卵前期，一般3月中、下旬至4月底，最佳化学防治适期为4月中旬。第二阶段为一代若虫孵化至成虫产卵前期，一般5月中旬至7月上旬，最佳化学防治适期为6月下旬，即若虫爬出活动期。第三阶段为二代若虫孵化到成虫产卵前期，一般7月上旬至8月下旬，最佳化学防治适期为8月中、下旬，即若虫爬出活动期。第四阶段为若虫孵化到葡萄树埋土之前，一般9月中旬至11月中、下旬，最佳化学防治适期为11月，即葡萄秋季修剪后埋土前。葡萄粉蚧发生一般的果园防治2次即可取得较好的防治效果。常用药剂：25%吡虫啉可湿性粉剂、25%啶虫脒可湿性粉剂、5%阿维菌素乳油、25%吡蚜酮悬浮剂等。

葡萄透翅蛾

葡萄透翅蛾（*Sciapteron regale* Butler，异名：*Paranthrene regalis* Butler）属鳞翅目透翅蛾科。葡萄透翅蛾分布广泛，在我国各大葡萄产区均有发生，分布于吉林、辽宁、内蒙古、陕西、北京、天津、河北、河南、山东、山西、安徽、江苏、浙江、上海、湖北、四川等省份。国外分布于日本和朝鲜。葡萄透翅蛾的主要寄主为葡萄，其次为苹果、梨、桃、杏、樱桃等，是葡萄上的主要蛀干害虫之一。

【为害特点】主要以幼虫为害葡萄一至二年生枝蔓，初龄幼虫蛀入嫩梢，蛀食髓部，使嫩梢枯死（图10-147）。幼虫长大后，转移到较为粗大的枝蔓为害，被害部分肿大呈瘤状，蛀孔外有褐色粒状虫粪，枝蔓易折断，其上部叶变黄枯萎，果穗枯萎，果实脱落。轻者树势衰弱，产量和品质下降，重者致使大部分枝蔓干枯，甚至全株死亡。

图10-147　葡萄透翅蛾幼虫

【形态特征】

成虫：雌成虫体长17～22毫米，翅展28～38毫米；雄成虫体长15～19毫米，翅展26～34毫米。触角棍棒状，红褐色。复眼黑褐色，前面有银白色鳞片区。身体黑色，略带有金属光泽，颈部的背面、前胸的腹侧、前翅基部肩角处、后胸两侧橙黄色，胸足的基节远端、转节和腿节近端的内侧面淡黄色。腹部有两条橙黄色横带，以第四节后缘背面和腹面橙黄色鳞片形成宽环，第六

图10-148　葡萄透翅蛾成虫

节后缘次之。前翅红色，前缘、外缘及翅脉黑褐色，外缘具黑褐色缘毛。后翅膜质透明，前缘和翅脉黑褐色，中室外端具较多鳞片形成一宽的横带，后缘及外缘有黑褐色缘毛（图10-148）。

卵：红褐色，长1.0～1.2毫米，椭圆形，略扁平，中央处稍凹陷，背腹部略扁平，表面有蜡，形成不规则的网状纹。

幼虫：共7龄，初孵幼虫头壳宽约0.66毫米，体长约1.0毫米，老熟时头壳宽约4.23毫米，体长约38毫米。体呈圆筒形，疏生细毛，初龄时胴部淡黄，老熟时紫红色，前胸背板上有倒"八"字形纹。头部红褐色，口器黑色。幼虫具3对胸足，淡褐色，爪黑色，具腹足5对。

蛹：长17～22毫米，宽4.2～5.2毫米。蛹红褐色，羽化前黑褐色。

【生活史及习性】葡萄透翅蛾在我国各地均1年发生1代，10月以后以老熟幼虫在受害枝蔓蛀道内越冬。在我国黄河中下游地区一般是4～5月在被害梢内化蛹，5月上旬至7月上旬羽化、产卵。幼虫为害期一般为5～10月，为害盛期一般在7～9月。在我国，由南向北化蛹期、羽化期、产卵期、为害盛期均后延。

葡萄透翅蛾大部分成虫在晴天中午之前羽化。成虫有趋光性。羽化时将蛹壳的头、胸部带出并残留于羽化孔处。成虫喜在背风、气温偏高的庭院葡萄枝叶层中栖息、交配、产卵。卵多散产，个别2～4粒产在一处。长势旺盛、枝叶茂密的植株上卵量较多。幼虫历期长300余天。

【防治方法】

1. 加强果园管理　加强果园肥水管理，合理修剪，保持树体良好的通风透光条件，促进葡萄生长发育健壮，大大提高其抗病虫害的能力。同事结合冬季整形修剪，及时将被害枝蔓剪除，并集中烧毁，以消灭越冬幼虫，降低虫口基数。

2. 设置性诱捕器　成虫羽化前设置性诱捕器大量诱杀雄蛾，降低田间落卵量及卵的受精率。葡萄透翅蛾成虫具有趋光性，生产上可采用频振式杀虫灯进行诱杀。成虫具有强烈趋化性，可于成虫羽化盛期，用糖、醋、酒混合液诱杀。同时成虫数量代表着下一代幼虫发生程度，可以诱杀成虫的数量作为虫情预测预报的基础。

3.剖茎灭虫　首先在被害枝蔓上找到幼虫排粪孔，按照幼虫一生基本上只蛀食形成1个排粪孔，大部分幼虫具有沿排粪孔上方蛀食，蛀道一般都处在排粪孔上部，一般具有不超过枝蔓节柄的习性，判断幼虫在坑道内的大致部位，然后用解剖刀将排粪孔上方枝蔓一节剖开，深至坑道，发现幼虫后将幼虫夹出处死，最后涂抹药剂保护伤口，并用绳索将伤口扎紧。

4.化学防治　一般认为葡萄透翅蛾的防治适期应在成虫羽化产卵期或孵化盛期。在葡萄谢花后，初孵幼虫蛀入嫩梢出现紫红斑时，可兼杀已孵幼虫和未孵卵。葡萄透翅蛾的防治指标，一般分析认为每20株累计虫数超过10头时，可发出预报进行防治；累计虫数少于1头时，可不进行防治。具体选择的药剂和方法：5～10月用浸有80%敌敌畏乳油100～200倍液的棉球塞入虫孔，或用注射器将80%敌敌畏乳油1 000～1 500倍液注入虫孔，然后用泥封闭虫孔。用6厘米左右的毛刷蘸取2.5虫乳油500排粪孔或出屑部位环状涂抹2～3次，1周后药效可达92%以上。在成虫期和幼虫孵化期，喷化学药剂杀灭成虫和初孵幼虫。常用药剂有2.5%高效氯氟氰菊酯乳油3 000倍液、2.5%溴氰菊酯乳油3 000倍液、20%氰戊菊酯乳油3 000倍液、50%辛硫磷乳油1 500倍液、20%三唑磷乳油1 000～2 000倍液。

美国白蛾

美国白蛾[*Hyphantria cunea*（Drury）]属鳞翅目灯蛾科，是一种世界性检疫害虫。美国白蛾原产北美，20世纪40年代末传播到了欧洲和亚洲，1979年首次在我国辽宁省发现，目前其分布范围已扩大到河北、天津、山东、陕西、上海、大连等省市，在疫区造成严重危害，并有进一步扩张的趋势。

【为害特点】美国白蛾主要以各龄幼虫取食树木的叶片（图10-149）。一至四龄幼虫群集在寄主叶上吐丝结成网幕，在网幕内取食叶片的下表皮和叶肉，受害叶片仅留叶脉和上表皮呈透明的网状，随着幼虫的生长网幕不断扩大，叶片枯黄。幼虫进入5龄后，离开网幕自由取食，并沿葡萄篱架转移危害，散到整个植株，其食量大增。发生严重时林果树叶可被吃光（图10-150），直接造成林木生长量和果树的产量的损失。

图10-149　幼虫取食叶片　　　　　　　　图10-150　叶片吃光

【形态特征】美国白蛾在原产地北美洲，根据幼虫头壳和背部毛瘤分黑头型和红头型两种类型。目前我国是黑头型类型。

成虫：白色中型蛾子，喙短而弱。雄蛾体长9.0～13.5毫米，雌蛾体长9.5～15.0毫米。雄蛾触角黑褐色，双栉齿状，雌蛾触角褐色，锯齿状。雄蛾前翅底色白色，越冬代雄蛾前翅具褐色斑，而夏季少数个体具褐色斑或无，雌蛾前翅无斑。前足基节、腿节橘黄色，茎节、附节大部黑色。前足茎节端有一对短齿，一个长而弯，另一个短而直（图10-151）。

图10-151　成　虫

卵：近球形，直径0.50～0.53毫米，表面具许多规则的小刻点，初产的卵淡绿色或黄绿色，有光泽，近孵化时呈褐色，顶部呈黑褐色。卵产在叶背面，块状单层排列，卵块大小为2～3厘米^2。上常覆盖雌蛾脱落的体毛和鳞片，呈白色。

幼虫：头黑色有光泽，体长28～35毫米，体黄绿色至灰黑色。体背有1条灰黑色宽纵带，上面着生黑色毛瘤，体侧淡黄色，上面着生橘黄色毛瘤，毛色或黑色杂毛。腹足黑色有光泽。幼虫体色常有变化，特别是秋季随气温降低，幼虫体色常逐渐变深（图10-152）。

蛹：体长9～12毫米，初淡黄色，后变褐色、暗红褐色。

图10-152　美国白蛾幼虫

【生活史及习性】美国白蛾的繁殖力很强，北方地区一年可发生3代，南方较温暖地区有时可达到一年发生4代。以蛹在砖石瓦砾、枯枝落叶、堆砌物、土壤裂缝、墙缝、树洞等处越冬。在辽宁及山东半岛1年发生2代，以蛹越冬。越冬蛹5月中旬羽化为成虫。第一代幼虫发生期在6月上旬，7月中旬开始化蛹，7月下旬成虫开始羽化，至8月下旬结束。第二代幼虫发生于8月上旬，大量化蛹在9月下旬至10月初。1只雌蛾产1卵块，500～700粒。幼虫孵化不久即吐丝结网，形成网幕，营群居生活，5龄抛弃网幕营个体生活。成虫羽化的高峰时间在17：00～20：00时。成虫白天隐蔽，夜间活动和交尾，趋光性较强。

【防治方法】

（1）严格检疫　对进入园区的苗木、农资、建材及交通工具等物品进行严格检疫和及时处理，防止虫害随其侵入果园。

（2）农业防治　根据葡萄藤本植物和篱架种植的特殊结构，将冬季果园清理的重点应当放在树下的落叶、土石块下和篱架桩柱缝隙上，彻底进行清理，并在表土日消夜冻时适时进行冬灌。生长季利用美国白蛾群集化蛹习性，蛹期进行人工挖蛹。结合葡萄的田间管理，卵期人工摘除带卵的叶片集中处理；及时剪除或摘除幼虫网幕，集中销毁。

（3）物理防治　在成虫发生期用黑光灯诱杀1 000瓦诱捕电击灭蛾灯，有效照射半径1 200米，单灯控制面积6.7公顷；30瓦佳多频振式杀虫灯，有效照射半径200米，单灯控制面积4公顷。使用时把灯吊挂高度1.5米左右。注意在距灯中心点50 ～ 100米范围内进行及时喷药毒杀残余成虫。

（4）生物防治　可利用寄生性天敌周氏啮小蜂防治美国白蛾寄生率高达83.2%。选择晴朗无风、湿度较小的天气，在10∶00时至16∶00时放蜂比较适宜。释放周氏啮小蜂在美国白蛾老熟幼虫期和化蛹初期适时放蜂，按虫蜂比1∶3 ～ 5的比例。一般分2次放蜂，间隔5天左右。释放时将茧悬挂在离地面2米处的枝蔓上。此外，还可以在2 ～ 3龄幼虫期喷施生物农药，正式登记的品种是8 000IU/微升苏云金杆菌悬浮剂，生产上应用较多的还有HcNPV病毒（美国白蛾核多角体病毒）。

（5）化学防治　在美国白蛾发生严重时，可适当使用低毒化学药剂进行防治，果实采前3周内，停止施用任何化学药剂。美国白蛾幼虫一至四龄，使用2.5%三苦素水剂1 000倍液、1.2%烟参碱乳油1 000 ～ 1 500倍液、20%虫酰肼悬浮剂1 000 ～ 2 500倍液、2.5%鱼藤酮乳油400 ～ 600倍液，全园及园区周边防护林进行立体式细致喷洒，每隔3 ～ 5天1次，连喷2 ～ 3次。美国白蛾幼虫五龄以上，使用2.5%溴氰菊酯1 000倍液、4.5%高效氯氰菊酯乳油2 300倍液、25%灭幼脲Ⅲ号2 000倍液，全园及园区周边防护林进行立体式细致喷洒，每隔7 ～ 10天1次，连喷2 ～ 3次。

葡萄天蛾

葡萄天蛾（*Ampelophaga rubiginosa* Bremer et Grey）属于鳞翅目，天蛾科。又称车天蛾、葡萄轮纹天蛾和豆虫等。在我国葡萄产区广发发生，国外在日本、朝鲜有分布。除为害葡萄外，还为害爬山虎、猕猴桃、黄荆等植物。

【为害特点】幼虫取食叶片，常形成缺刻，严重时叶片被吃光，仅留叶柄，造成树势衰弱、影响葡萄产量和品质。

【形态特征】

成虫：体长约45毫米、翅展约90毫米，体肥大形似纺锤，复眼较大，呈暗褐色，复眼后至前翅基部有一个灰白纵线。触角短小，栉齿状。前翅各横线均为茶褐色，中线较粗，内线次之，外线较细呈波纹状，前缘顶角处有一个暗色三角斑，斑下接亚外缘线，亚外缘线呈波状，较外横线宽。后翅边缘棕褐色，中间多为黑褐色。翅中部和外部各有一个茶褐色横线，翅展时前、后翅相接，外侧稍呈波纹状。背中央从前胸到腹末有一个灰白纵线（图10-153）。

卵：球形，光滑，直径约1.5毫米，淡绿色，孵化前变为淡黄绿色。

幼虫：体长约80毫米，绿色，体表具横纹及黄色小颗粒。头部有两对平行黄白平行纵线。胸足红褐、基部外侧黑色，其上有一个黄点。第8节背面具1尾角。幼虫在夏季为绿色型（图10-154），在秋季为褐色型。

图10-153　葡萄天蛾成虫

图10-154　葡萄天蛾幼虫

蛹：体长45～55毫米，呈纺锤形，初灰绿，后腹面呈暗绿，背面棕褐，足和翅脉上有断续线形黑点。触角稍短于前足端部。头顶有一个卵圆形黑斑。

【生活史及习性】北方每年发生1～2代，南方发生2～3代，各地均以蛹在土内越冬。成虫白天潜伏，黄昏开始活动，有趋光性，将卵散产于叶背和嫩梢上。幼虫夜晚取食，其活动迟缓，白天静伏于枝叶上，受触动时头、胸部左右摇摆，口器吐出绿色液体。7月中旬开始在葡萄架下入土化蛹。7月底至8月初可见1代成虫，8月上旬可见2代幼虫为害，10月左右老熟幼虫入土化蛹越冬。

【防治方法】

（1）清除虫源　北方可结合冬春季节埋土挖土清除越冬虫蛹；在夏季修剪枝条时，人工捕杀幼虫（由于虫树下有大量虫粪，因此容易发现）。

（2）诱杀成虫　利用葡萄天蛾成虫的趋光性，设置黑光灯进行诱杀。

（3）化学防治　为害较重的果园可在幼虫发生期及时喷洒Bt乳剂600倍液、80%敌敌畏乳油1 500倍液、90%晶体敌百虫1 000倍液。

葡萄虎天牛

葡萄虎天牛（*Xylotrechus pyrrhoderus* Bates）属鞘翅目天牛科，是葡萄的主要蛀干害虫之一。分布于我国东北、华北、华中及陕西、湖北、四川等葡萄产区。

【为害特点】葡萄虎天牛主要以幼虫蛀食枝蔓。初龄幼虫在表皮下纵行蛀食被害部位的枝蔓表皮稍隆起变黑，虫粪排于隧道内，表皮无虫粪，故不易被发现（图10-155和图10-156）。幼虫蛀入木质部后，常将枝横向切断，被害处易被风折断。成虫也可咬食葡萄细枝蔓、幼芽及叶片。

图10-155　枝蔓内的初孵幼虫　　　　　图10-156　横向切断

【形态特征】

成虫：体长9～15毫米，雌虫略大于雄虫。头部黑色，额部从唇基向上分出三条隆起。复眼黑褐色，触角除第一节黑色外，其余全为黑褐色。胸部赤褐色，约呈球形。鞘翅黑色，两翅合拢时基部有一"X"形黄白色斑纹，近末端有一条黄白色横纹。腹面有三条黄白色横纹（图10-157和图10-158）。

卵：长约1毫米，宽0.5毫米，椭圆形，一端稍尖，乳白色。

幼虫：老熟幼虫体长13～17毫米，淡黄白色。头甚小，黄褐色。前胸背板宽大，淡褐色，后缘有一个"山"字形细沟纹。无足，腹面具有椭圆形移动器（图10-159）。

蛹：长10～15毫米，黄白色，复眼赤褐色（图10-160）。

【生活史及习性】每年发生1代，以低龄幼虫在枝蔓内越冬。5月初越冬幼虫开始活动，继续蛀食为害。7月化蛹，8月羽化为成虫（图10-161）。成虫产卵于芽鳞缝隙或芽、叶柄、枝蔓上。卵期约5天，初孵化幼虫多从芽附近蛀入

正面　　　　　腹面

图10-157　葡萄虎天牛成虫正腹面对比

图10-158　葡萄虎天牛成虫雌雄对比

1毫米　　　正面　　　　　1毫米　　　腹面

图10-159　葡萄虎天牛幼虫

图10-160　葡萄虎天牛蛹

图10-161　葡萄虎天牛蛹羽化

枝蔓。先在皮下为害，然后逐渐蛀入木质部，直至进入越冬状态。

【防治方法】

1.清除幼虫　结合秋冬季修剪，在晚秋葡萄落叶后或早春上架时仔细检查枝蔓有无变黑之处，发现后剪除变黑枝蔓。必须保留的大枝蔓，可用铁丝刺杀或用棉花蘸50%敌敌畏乳油200倍液堵塞虫孔。结果枝不萌芽或萌芽后不久即萎蔫的，可能为虫害枝蔓，也可按上述方法处理。

2.化学防治　在害虫发生严重的葡萄园内，于卵孵化期喷洒10%联苯菊酯乳油3 000倍液或80%敌敌畏乳油1 000倍液进行防治，喷洒次数可根据害虫发生程度确定。

温室白粉虱

温室白粉虱[*Trialeurodes vaporariorum*（Westwood）]又称温室粉虱，其成虫俗称小白蛾，属半翅目粉虱科蜡粉虱属。温室白粉虱起源于南美的巴西和墨西哥一带。温室白粉虱是多食性害虫，世界已记录的寄主植物达121科898种（含39变种）。

【为害特点】温室白粉虱以成虫和若虫群集在寄主叶片背面（图10-162），以刺吸式口器的口针穿过植物的细胞间隙深入韧皮部取食，大量吸食植物汁液，被害叶片褪绿、黄化、萎蔫甚至枯死，影响作物正常生长发育。同时，成虫和若虫还大量分泌蜜露，污染叶面、嫩

图10-162　成虫和若虫聚集在叶背面为害

梢和果实，堵塞气孔，蜜露含糖和多种氨基酸，在潮湿条件下引起煤污菌如多主枝孢（*Cladosporium herbarum*）、大孢枝（*C.macrocarpum*）、球孢枝孢（*C.sphaerospermum*）和煤污尾孢（*Cercospora uligena*）等侵染繁殖，诱发煤污病流行，阻碍寄主植物的呼吸、蒸腾和光合作用，造成减产并降低蔬菜产品的品质和商品价值。

【形态特征】温室白粉虱属渐变态，若虫分 4 个龄期，四龄末期称为伪蛹。

成虫：1 ～ 1.5毫米，淡黄色。翅膜质被白色蜡粉。头部触角7节、较短，各节之间都是由一个小瘤连接。口器刺吸式，复眼肾形，红色。翅脉简单，前翅脉一条，中部多分叉，沿翅外缘有一排小颗粒，停息时双翅在体背合拢呈屋脊状但较平展，翅端半圆状遮住整个腹部（图10-163）。

图10-163　成　虫

卵：长0.22 ～ 0.24毫米，宽0.06 ～ 0.09毫米，长椭圆形，被蜡粉。初产时为淡绿色，微覆蜡粉，从顶部开始向卵柄渐变黑褐色，孵化前紫黑色，具光泽，可透见2个红色眼点。

若虫：老龄若虫椭圆形，边缘较厚，体缘有蜡丝。

伪蛹（四龄若虫末期）：长0.7 ～ 0.8毫米，椭圆形，边缘较厚，体似蛋糕状，周缘有发亮的细小蜡丝，体背常有5 ～ 8对长短不齐的蜡质丝。伪蛹的特征是粉虱类昆虫分类、定种的最重要形态学依据。

【生活史及习性】山东、河北、山西一年发生3代，南方为5 ～ 6代，在温室内一年可发生10余代。在北方，白粉虱在温室内越冬，冬季在室外不能成活。温室白粉虱成虫、卵和伪蛹虽然有一定的耐受低温能力，但抗寒性弱，在北方冬季野外（露地）寒冷、干燥、寄主植物枯死的条件下不能存活。成虫有强烈的趋嫩习性，在寄主作物摘掉生长点（打顶、摘心）前，成虫总是随着植株生长不断追逐顶部嫩叶的背面产卵，使不同虫态在植株上的垂直分布有明显的规律，即成虫和新产的卵（淡绿色）多集中在顶部嫩叶上，将要孵化的卵（黑色）则位于稍下的嫩叶上，再往下的叶片则分别以一龄、二龄、三龄若虫和伪蛹为主，最下层叶片则基本是伪蛹壳和新羽化的成虫。但有时在同一张叶片上也可见到温室白粉虱的几个虫态。所以，农事作业的整枝打杈、摘除枯黄底叶加以处理，都有灭虫的作用。成虫羽化时，蛹壳呈 T 形裂开，羽化常在清晨进行。在叶背面，雌雄成虫成对排在一起。交配后，雌成虫卵散产于叶背。成虫除两性生殖外还可进行孤雌生殖。幼虫孵化后在叶背爬行数小时，找到适当取食场所便固定于此，刺吸为害。

【防治方法】

（1）农业防治　大田葡萄要远离温室，防止春季粉虱向外传播，也应控制外来虫源进入温室越冬。

（2）物理防治　成虫对黄色有较强的趋性，可用黄板诱捕成虫。黄板按20～30块/亩置于距葡萄架面10厘米左右的高度，可有效粘杀粉虱成虫。注意当白粉虱粘满黄板时，需要及时更换。。

（3）生物防治　原则上蜂虫比为（2～3）：1为宜，10天左右释放一次，连续2～3次，使成蜂寄生温室白粉虱若虫并建立种群，有效控制温室白粉虱发生为害。喷施生物农药，常用生物药剂有玫烟色伪青霉菌、粉虱座壳孢菌，稀释成每毫升 1×10^8 孢子的药液喷施防治低龄若虫。

（4）化学防治　秋末扣棚前，首先将棚内落叶、杂草铲除干净，集中烧毁或深埋。扣棚后使用17%敌敌畏烟剂、20%异丙威烟剂、12%哒螨·异丙威烟剂进行熏蒸，彻底消灭棚室内的越冬虫源。在成虫和若虫为害初期喷药防治，药剂可选用25%噻嗪酮可湿性粉剂1 500倍液、10%吡虫啉可湿性粉剂1 000～1 500倍液、25%噻虫嗪水分散粒剂6 000～7 500倍液、24%螺虫乙酯悬浮剂3 000倍液、10%啶虫脒乳剂1 500倍液。不同类型的药剂须交替轮换使用，提倡每一种（类）的杀虫剂在一茬（季）蔬菜作物上仅用1次，防止或延缓温室白粉虱产生抗药性。

烟粉虱

烟粉虱[*Bemisia tabaci*（Gennadius）]属半翅目粉虱科小粉虱属。1889年该虫在希腊的烟草上发现并被命名。烟粉虱是一种世界性分布的害虫，除了南极洲外，在其他各大洲均有分布。烟粉虱的寄主植物范围广泛，是一种多食性害虫。

【为害特点】 该虫以成虫和若虫群集在叶背（图10-164），可以通过直接吸食植物汁液，还可以通过分泌蜜露及传播植物病毒的方式造成间接危害。烟粉虱分泌的蜜露，可诱发煤污病，影响光合作用。

图10-164　烟粉虱群集在叶背为害

【形态特征】烟粉虱属渐变态，体发育分成虫、卵、若虫 3 个阶段，若虫分 4 个龄期，四龄末期称为伪蛹。

成虫：雌性与雄性个体的体长略有差异，雌虫体长约 0.91 毫米，雄虫体长约 0.85 毫米。成虫体色淡黄，翅被白色蜡粉，无斑点。触角 7 节，复眼黑红色，分上下两部分并有一单眼连接。前翅纵脉 2 条，前翅脉不分叉；后翅纵脉 1 条。静止时左右翅合拢呈屋脊状。跗节 2 爪，中垫狭长如叶片。雌虫尾部尖形，雄虫呈钳状（图 10-165）。

图 10-165　烟粉虱成虫

卵：椭圆形，约 0.2 毫米，顶部尖，端部有卵柄，卵柄插入叶表裂缝中，产时为白色或淡黄绿色，随着发育时间的推移颜色逐渐加深，孵化前变为深褐色。

若虫：稍短小，淡绿色至黄色，腹部平，背部微隆起，体缘分泌蜡质，帮助其附着在叶片上。

伪蛹：长 0.6 ~ 0.9 毫米，体椭圆形，扁平，黄色或橙黄色。

【生活史及习性】烟粉虱在热带、亚热带及相邻的温带地区，1 年发生 11 ~ 15 代，世代重叠。在我国华南地区，1 年发生 15 代。在温暖地区，烟粉虱一般在杂草和花卉上越冬；在寒冷地区，在温室内作物和杂草上越冬，春季末迁到蔬菜、花卉等植物上为害。一龄若虫有足和触角，一般在叶片上爬行几厘米寻找合适的取食点，在叶背面将口针插入到韧皮部取食汁液。从二龄起，足及触角退化，营固定生活。成虫具有趋光性和趋嫩性，群居于叶片背面取食，中午高温时活跃，早晨和晚上活动少，飞行范围较小，可借助风或气流作长距离迁移。烟粉虱成虫可两性生殖，也可产雄孤雌生殖。

【防治方法】参照温室白粉虱。

温馨提示

烟粉虱和白粉虱成虫形态十分相似，光靠肉眼难以区分，需借助解剖镜从以下特征加以区分：烟粉虱前翅脉不分叉，静止时左右翅合拢呈屋脊状；温室白粉虱前翅脉有分叉，左右翅合拢较平坦。

烟蓟马

烟蓟马（*Thrips tabaci* Lindeman）属缨翅目蓟马科蓟马属，也称葡萄蓟马、葱蓟马。烟蓟马在国外分布于日本、欧洲和美洲；在我国广泛分布于全国各葡萄产区。除了为害葡萄外，还为害棉花、瓜类、葱、蒜、洋葱、烟草、马铃薯、向日葵、甘草、甜菜等20多种。

【为害特点】烟蓟马以成虫、若虫锉吸葡萄幼果、嫩叶、枝蔓和新梢的汁液进行危害。幼果受害初期，果面上形成纵向的黑斑，使整穗果粒呈黑色（图10-166）。后期果面形成纵向木栓化褐色锈斑，严重时会引起裂果，降低果实的商品价值。叶片受害后先出现褪绿黄斑，后变小，发生卷曲，甚至干枯，有时还出现穿孔（图10-167）。

图10-166　幼果被害状　　　　　　图10-167　叶片被害状

【形态特征】

成虫：体长0.8～1.5毫米，淡黄色至深褐色，体光滑，复眼紫红色，单眼3个，其后两侧有一对短鬃。两对翅狭长，透明，前翅前缘有一排细鬃毛，前脉上有10～13根细鬃毛，后脉有14～17根细鬃毛。腹部第2～8节背片前缘有一黑色横纹。触角6～9节，略呈珍珠状（图10-168）。

卵：长约0.3毫米，淡黄色，似肾形。

图10-168　葡萄蓟马

若虫：体长0.6～1.0毫米，初为白色透明，后为浅黄色至深黄色，与成虫相似。

【生活史及习性】一年发生6～10代，多以成虫和若虫在葡萄、杂草和死株上越冬，少数以蛹在土中越冬。来年葱、蒜返青开始恢复活动，为害一段时间后，便飞到果树、棉等作物上为害繁殖。在葡萄初花期开始发现有蓟马为害幼果的症状；6月下旬至7月上旬，在副梢二次花序上发现有若虫和成虫为害；7～8月几种虫态同时为害花蕾和幼果；至9月虫口逐渐减少；10月早霜来临之前，大量蓟马迁往果园附近的葱、蒜、白菜、萝卜等蔬菜上进行为害。

【防治方法】

（1）清除越冬螨 秋后葡萄越冬前或早春葡萄出土后应尽量刮除枝蔓上的老皮或于葡萄发芽前在枝蔓上喷洒一次3波美度的石硫合剂，对铲除越冬雌螨均有良好效果。

（2）保护和利用天敌 应注意保护天敌，利用天敌的控制作用。常见烟蓟马天敌有横纹蓟马、食虫蝽类、草蛉类、瓢虫类、蜘蛛类等。

（3）化学防治 蓟马危害严重的葡萄园需要药剂防治，喷药的关键时期应在开花前1～2天或初花期。喷洒10%浏阳霉素乳油1 000倍液、1%甲氨基阿维菌素乳油3 500～5 000倍液或15%哒螨灵乳油1 000～1 500倍液。

双棘长蠹

双棘长蠹（*Sinoxylon anale* Lesne）属鞘翅目长蠹科。国内主要分布在台湾、海南、广东、广西、四川、河南、河北、山东、天津、北京等地。近年来，甘肃天水、贵州黔南、陕西宝鸡、山西运城、浙江金华等发生为害。

【为害特点】以成虫和幼虫蛀食枝蔓。越冬成虫一般从节部芽下蛀入，顺年轮方向环蛀一周，仅留下皮层和少许木质部，并排出大量的玉米面状的蛀屑，被害处以上枝蔓逐渐枯萎，遇风或手轻触极易折断（图10-169）；幼虫坑道甚密，纵向排列，坑道内填满了排泄物；新羽化成虫继续蛀食木质部，并在表皮咬出若干小孔，排出大量蛀屑，被害枝蔓千疮百孔，一触即折（图10-170）。

【形态特征】

成虫：体长4.8～5.5毫米，体宽2.2～2.6毫米。额、头顶棕黑色，密布颗粒突起，上唇基生有黄色稠密细毛，头顶近额区横向排列4个刺突，颊棕色具纵隆脊，额、头顶、颊被稀疏短毛；触角黄褐色，末端3节膨大呈栉齿状，末节横棒状。前胸背板棕色，被淡黄色短毛，分为前后两个区：前面为瘤突

图10-169　若干小孔　　　　　图10-170　新羽化的成虫蛀食木质部

区，后面为平滑区。瘤突区前缘两侧角的突起呈尖钩状，瘤突深棕色至黑色，瘤突由边缘至中央逐渐变小。平滑区无显著的瘤突，只具细小的颗粒。小盾片三角形。足基节、腿节的大部分和跗节为橙黄色，腿节端部和胫节为棕色，跗节和爪橙红色。鞘翅被零星金黄色短毛，刻点圆形大而深，肩角至翅端部颜色由棕色逐渐加深，近肩角处有一明显的隆起。腹部可见5节，密布金黄色毛（图10-171）。

图10-171　成　虫

　　卵：白色，椭圆形，大小0.3～0.6毫米。

　　幼虫：乳白色，蛴螬形，头小，胸部膨大，周身散布细毛。老龄幼虫体长4.5～5.2毫米，宽1.2～1.4毫米，乳白色。上颚基部褐色，齿黑色。颅顶光滑，额面布长短相间的浅黄色刚毛。腹部扁，向胸部弯曲。

蛹：裸蛹，乳白色，长约5.2毫米，宽约2.3毫米，可见明显的红褐色眼点，乳白色的栉状触角贴附于眼点两侧。前胸背板膨大隆起，已见颗粒状棘突。3对足依次抱于胸前，跗节顺体长向下延伸，端部稍膨大，可见一对跗钩在蛹壳内微微活动。后足隐于双翅下，仅有端部伸出翅外。羽化前头部、前胸背板及鞘翅黄色或浅黄褐色（图10-172）。

图10-172　蛹

【生活史及习性】 双棘长蠹在甘肃天水1年发生1代，以成虫越冬。翌年3月中下旬出蛰并蛀食葡萄枝蔓，补充营养，越冬成虫多从芽的下方蛀入，蛀孔直径2～3毫米，斜向上，蛀入节部后环形蛀食木质部，将蛀屑推出坑道。一头成虫可转蛀2～3个枝条。4月上旬交尾后雌虫爬出坑道，将产卵器刺入枝条表皮下，将卵散产于木质部外侧，每雌虫产卵10多粒。卵期5～7天，4月中下旬始见幼虫，幼虫顺枝条纵向蛀食木质部，粪便排于坑道内。随着龄期增长，坑道逐渐串通相连交错。幼虫老熟后在坑道内化蛹。5月下旬至7月中旬陆续化蛹，蛹期6～7天。6月下旬起成虫羽化，羽化后不转移，继续取食剩余木质部，并将枝干表皮咬出许多孔洞，把蛀屑连同幼虫的粪屑一同推出孔外，8月下旬陆续出孔迁飞，但不为害葡萄新枝。10月成虫越冬。

【防治方法】

（1）加强检疫　双棘长蠹被国家检验检疫局列为重点检疫对象，因此在调运苗木或接穗时，要严格把关，重点检疫，严格执行检疫条例，严禁将双棘长蠹传播到非疫区。

（2）农业防治　结合冬季修剪，彻底剪除衰弱枝，刮除老翘皮，并将枯枝、修剪下来的废弃枝捡拾干净。有条件的果园，要进行冬灌。6月底前，应将修剪的废弃枝、诱集枝通过焚烧、深埋、加工等手段彻底销毁，降低害虫基数。

（3）物理防治　在双棘长蠹出蛰期，将修剪下来的枝条捆成捆（每捆约100根），均匀放置于园内行间，离地高度为0.5米，每亩20捆。利用双棘长蠹对诱集枝的趋性诱集越冬成虫，以减轻对植株的为害。

（4）化学防治　4～5月可选用1%印楝素·苦参碱乳油800倍液、50%甲胺磷乳油800倍液、20%杀特乳油2 000倍液喷雾1～2次。但喷雾时注意喷头方位，可将喷头顺叶芽下方朝上喷洒。在虫枝少的情况下，可选用50%敌敌畏乳油500～800倍液注射，并用泥堵住虫孔，以熏杀成虫和幼虫。

葡萄十星叶甲

葡萄十星叶甲[*Oides decempunctata*（Billberg）]属鞘翅目叶甲科。又叫葡萄金花虫。在江苏、安徽、浙江、湖南、江西、福建、广东、广西、四川、贵州、陕西、吉林、辽宁、河北、山西、河南、山东等地均有发生。除为害葡萄外，还为害柚、爬山虎、黄荆树等。

图10-173　成虫取食叶片

【为害特点】成虫和幼虫取食葡萄叶形成孔洞或缺刻，大量发生时全部叶片被吃光，残留一层绒毛及叶脉，严重时常将整个叶片吃光，只留主脉（图10-173）。芽被啃食后不能发育，影响产量较大，是葡萄产区的重要害虫之一。

【形态特征】

成虫：体长12毫米左右，椭圆形，土黄色。头小，触角丝状，淡黄色，末端3节及第四节端部黑褐色。前胸背板上密布细刻点。两鞘翅上共有黑色圆斑10个，后胸和第一至四腹节腹板两侧各有一近圆形黑点（图10-174）。

卵：椭圆形，直径约1毫米，初产时为草绿以后渐变褐色，表面多

图10-174　成　虫

具不规则的小突起。

幼虫：体长12～15毫米。近长椭圆形。头小，黄褐色。胸腹部土黄色或淡黄色，除尾节无突起外，其他各节两侧均有肉质突起3个，突起顶端呈黑褐色。胸足小，前足更为退化。

蛹：体长9～12毫米，金黄色，腹部两侧具齿状突起。

【生活史及习性】中国北部年生1代，江西2代，少数1代，四川和福建2代。均以卵在根际附近的土中或落叶下越冬，南方有以成虫在各种缝隙中越冬的。在华北，越冬卵在翌年5月下旬至6月上旬孵化。幼虫3龄。6月底陆续老熟入土，于3～6厘米深处作土茧化蛹。蛹期10天左右。羽化后经6～10天开始交配，又经8～10天产卵，8月上旬至9月上旬为产卵盛期。在2代区，越冬卵在4月中旬孵化。幼虫5月下旬化蛹，6月中旬羽化为成虫，第一代成虫8月上旬产卵，8月中旬孵化，9月上旬化蛹，9月下旬羽化为第二代成虫，交配产卵，至11月成虫陆续死亡。越冬成虫在3月下旬至4月上旬开始出蛰活动。羽化后成虫在蛹室内停留1天左右才出土，经几日后开始取食。白天活动，受惊动后即分泌黄色具恶臭的粘液，假死落地。寿命60～100天，越冬成虫寿命较长。卵成块，多产在距植株30厘米外的土面上，尤其在葡萄枝干接近地面处最多，每头雌虫可产卵100～1000粒。幼虫孵化后先在地面爬行，然后沿干基部向上爬，先群集为害靠近地面的芽和叶，逐渐向上转移为害，3龄后开始分散，白天潜伏荫蔽处，早晨和傍晚在叶面上取食。

【防治方法】

（1）农业防治　结合冬季清园，清除枯枝落叶及根际附近的杂草，集中烧毁或深埋，消灭越冬卵；中耕灭蛹。在化蛹期及时进行中耕，可消灭蛹。利用成虫和幼虫的假死性，以容器盛草木灰或石灰接在植株下方，震动茎叶，使成虫落入容器中，集中处理；人工摘除幼虫密集为害的葡萄叶。

（2）化学防治　喷药时间应在幼虫孵化盛末期、幼虫尚未分散前进行。目前常用药剂有40%三唑磷乳油、10%醚菊酯悬浮剂、22%马拉·辛硫磷乳油、20%丁硫克百威乳油、48%毒死蜱乳油等。

葡萄沟顶叶甲

葡萄沟顶叶甲国内分布在河北、陕西、山东、江苏、浙江、湖北、江西、湖南、福建、广东、广西、贵州、云南和台湾。国外有日本和越南。

【为害特点】该虫主要以成虫为害葡萄取食葡萄幼嫩组织，尤喜食花梗、穗轴，为害嫩叶成长条状缺刻（图10-175和图10-176），新梢、花序及果柄/幼果表皮成褐色条斑（图10-177和图10-178），引起落花、落果。

【形态特征】

成虫：体长3.2～4.5毫米，体宝石蓝色或紫铜色，具强金属光泽。头中部有1条纵沟。触角11节，基节圆柱形。足跗节和触角端节黑色（图10-179）。

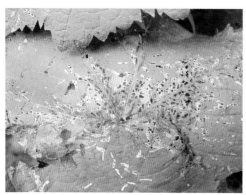

图 10-175　嫩叶上的长条状缺刻

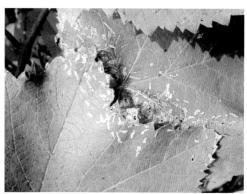

图 10-176　叶部症状

图 10-177　新梢被害

图 10-178　果实被害

图 10-179　成　虫

卵：长 0.9 ～ 1.1 毫米，宽 0.2 ～ 0.4 毫米，长棒形，半透明光滑白色。

幼虫：老龄幼虫体长 2.2 ～ 3.5 毫米，淡黄白色，胸足 3 对，腹部背面有倒"8"字纹。

蛹：裸蛹，长 3.1 ～ 4.2 毫米，初淡黄褐色后变蓝色。

【生活史及习性】1 年发生 1 代，以成虫在土壤中过冬，自葡萄萌芽到落叶前均有成虫为害，春季气温高于 10℃时开始出土，爬行上树为害，受惊时假死坠地。成虫交尾后产卵于葡萄老树皮内及根部土层中，卵孵化后的幼虫生活于土中，取食须根和腐殖质；幼虫筑土室化蛹后越冬代成虫陆续死亡，当年的成虫开始羽化、取食、入土越冬。

【防治方法】

（1）人工捕杀　根据葡萄沟顶叶甲假死性，可采取人工振落捕杀葡萄沟顶叶甲成虫。

（2）覆土或盖膜　在成虫出土前于葡萄根际覆土、盖膜等措施减轻葡萄沟顶叶甲的危害

（3）化学防治　在葡萄叶片伸展期喷施50%辛硫磷乳油1 000倍、48%毒死蜱乳油1 000倍液、2.5%功夫乳油3 000倍液和5%氰戊菊酯乳油2 000倍液。

白星花金龟

白星花金龟 [*Protaetia brevitarsis*（Lewis）] 属鞘翅目金龟甲总科花金龟科。也称白纹铜花金龟、白星花潜、白星滑花金龟等。白星花金龟在我国分布广泛，北起黑龙江，南至广西，西自西藏、新疆、青海、宁夏、甘肃、四川、云南，东达沿海各省，包括台湾省均有发生，主要在东北、华北、新疆和黄淮海流域地区发生为害。白星花金龟寄主植物种类繁多，已明确的寄主有14科26属29种。

【为害特点】通常以成虫取食植物的幼叶、芽、花和果实，以群集为害成熟的果实为主，造成果实腐烂，失去商品性。在葡萄上，花期和成熟期是两个重要为害时期，在花期造成大量落花，使花序不整齐，不能形成商品穗型或失去整个花序；转色后的成熟期，取食成熟果粒，使整个果穗失去价值，并且加重酸腐病的发生（图10-180）。

图10-180　成虫为害

【形态特点】

成虫：体长17～24毫米，体宽9～12毫米，长椭圆形，具古铜或青铜色光泽，有的足带绿色。体表散布较多不规则波纹状白色绒斑。头部矩形，复眼突出。触角中等长，深褐色，鳃片部雄长雌短。雌虫较雄虫略小，雌虫体长17～22毫米，重0.5～1.0克；雄虫体长19～24毫米，重0.6～1.0克（图10-181）。

图10-181　成　虫

卵：圆形或椭圆形，长（1.7～2.4）毫米×（2.5～2.9）毫米，表面光滑，初产为乳白色，有光泽，后变为淡黄色。

幼虫：共3个龄期，老熟幼虫体长24～39毫米；头部褐色；胸足3对，短小；胴部乳白色，肛腹片上具2纵列"U"形刺毛，每列19～22根；身体向腹面弯曲呈C形；背面隆起多横皱纹。各龄期依据头壳宽度确定，一龄幼虫头壳宽为0.9～1.8毫米，二龄幼虫头壳宽为2.2～3.0毫米，三龄幼虫头壳宽为4.0～4.8毫米（图10-182）。

蛹：裸蛹，长20～23毫米，卵圆形，先端钝圆，向后渐尖，初为白色，渐变为黄白色。蛹外包以土室，土室长2.6～3.0厘米，椭圆形，中部一侧稍突起（图10-183）。

图10-182　幼　虫

图10-183　蛹

【生活史及习性】一年发生一代，以幼虫在土壤内越冬，在山东地区，成虫于5月上旬开始出现，6～7月为羽化盛期，也是为害盛期，但不同的作物，为害盛期有差异。为害葡萄一般在7月中旬至9月葡萄成熟期，9月下旬成虫开始减少，陆续入土。

白星花金龟成虫在苹果、梨、桃、杏、葡萄园内可昼夜取食活动；成虫的迁飞能力很强，一般能飞5～30米，最多能飞50米以上；具有假死性、趋化性、趋腐性、群聚性，没有趋光性；成虫产卵盛期在6月上旬至7月中旬，寿命92～135天。幼虫群生，不能行走，将体翻转借助体背体节的蠕动向前行走，不为害寄主的根部。

【防治方法】

（1）清理果园　将果园内的枯枝落叶清扫干净并集中烧毁，尽量减少白星花金龟的越冬场所。深翻树间园土、减少越冬虫源。避免施用未腐熟的厩肥、鸡粪等，施用腐熟的有机肥，能减轻白星花金龟对作物的为害。在白星花金龟对氨敏感，施用碳酸铵、腐殖酸铵、氨水、氨化过磷酸钙、碳酸氢铵等含有氨气的肥料，可有效地减轻其为害。

（2）人工防治　对树冠比较高大的果园，可在地上铺一张塑料布，借助白星花金龟成虫的假死性，用竹竿振落，集中杀死。葡萄套袋可减少为害，但不能避免，可以直接套尼龙网袋或在纸袋外再套尼龙网袋。

（3）糖醋液诱杀　在成虫发生盛期，将白酒、红糖、食醋、水、90%敌百虫晶体按1∶3∶6∶9∶1的比例，配成糖醋液，放在树行间诱杀害虫。

（4）化学防治　①药剂处理粪肥。在沤制圈肥、厩肥等有机质的时候，可浇入50%的辛硫磷按1 000倍配成的药水，每15～30天浇1次，可杀死粪肥中的大量幼虫。在幼虫发生地，药剂处理土壤。于4月下旬至5月上旬，成虫羽化盛期前用3%的辛硫磷颗粒剂或3%的米乐尔颗粒剂2～6千克，混细干土50千克，均匀地撒在地表，深耕耙20厘米，可杀死即将羽化的蛹及幼虫，也可兼治其他地下害虫。②药剂喷雾。在白星花金龟成虫为害盛期喷药防治，常用药剂有50%的辛硫磷乳油1 000倍液、25%喹硫磷乳油1 000倍液、80%敌百虫可溶性粉剂1 000倍液、20%甲氰菊酯乳油1 500倍液等。

葡萄缺节瘿螨

葡萄缺节瘿螨[*Colomerus vitis*（Pagenstecher）]，又名葡萄瘿螨、葡萄潜叶壁虱。属真螨目，瘿螨科。葡缺节瘿螨是单食性害虫，只为害葡萄，是我国葡萄害螨中主要种类之一，我国主要分布于辽宁、河北、天津、山西、河南、山东、江苏、上海、江西、陕西、新疆等省份的葡萄产区。

【为害特点】葡萄缺节瘿螨主要为害葡萄的叶片，严重时也为害嫩梢、幼果、卷须及花梗。以成螨和若螨在叶背部位吸食汁液，叶片受害后，初期叶面突起，叶背产生白色斑点。随着虫斑处叶面过度生长形成绿色瘤状突起（图10-184），若在幼嫩叶片上瘤突可为红色。在叶背处出现较深的凹陷，其内充满着白色绒毛似毛毡状，故称"毛毡病"，毛毡状物为葡萄叶片上的表皮组织受瘿螨刺激后肥大而形成，以后颜色逐渐加深，最后呈铁锈色。严重时，许多斑块连成一片，甚至叶面出现绒毛，造成叶片干枯脱落，对产量品质影响很大。

正面　　背面

图10-184　叶片上的绿色瘤状突起

【形态特征】

成螨：雌成螨蠕虫状，黄白色至灰白色，体长160～200微米，体表有多个环纹，近头部生有2对足。大体背、腹环数相仿，65～70环，均具椭圆形微瘤尾毛。雄雄虫个体略小。雄螨个体略小，体长140～160微米，宽约49微米，厚约35微米。

卵：椭圆形，淡黄色，长约30微米。

若螨：体小，形态似成螨。

【生活史及习性】以雌成螨在芽鳞片下的茸毛中或枝蔓粗皮内越冬，80%～90%的越冬个体在一年生枝条的芽鳞片下，余者在一年生枝条基部的粗皮内。雌螨有群居越冬的习性，每芽上越冬虫量差异很大，曾发现一个葡萄芽里有950头越冬雌螨。翌年葡萄萌芽时开始活动，并从潜伏场所爬出，转移到幼嫩叶片背面茸毛下刺吸汁液。主要繁殖方式为孤雌生殖。卵产在被害部位的茸毛下，卵期10～12天。该螨喜欢在新梢顶端幼嫩叶片上为害，严重时甚至能扩展到卷须、花序和幼果。常年从5月开始至9月底整个生长季节均可发生，以5～6月和9月受害较重，7～8月高温其种群受抑制，秋后，成螨陆续潜入芽内越冬。

【防治方法】

（1）苗木消毒　葡萄缺节瘿螨可随苗木、插条远距离传播，因此在建园初期，需对所引苗木或种条进行消毒。

（2）冬季清园　冬季修剪后做好彻底清园工作，如剥去主蔓上的粗皮，清除落叶和受害叶，集中烧毁；在历年发生较重的葡萄园，冬季修剪后可喷洒3～5波美度石硫合剂，降低越冬虫口基数。

（3）化学防治　喷洒石硫合剂葡萄冬芽膨大于绒球期喷洒3波美度石硫合剂，杀死潜伏芽内的瘿螨。这次喷药是防治的第一个关键时期葡萄瘿螨移动速度较慢，发生初期，可及时摘除受害叶片，集中销毁，可有效降低虫口数量。葡萄生长期可选用杀螨剂10%浏阳霉素乳油800～1 000倍液、20%哒螨灵可湿性粉剂1 500～2 000倍液、1.8%阿维菌素乳油1 500～2 000倍液喷洒。喷施各种药剂时必须周密均匀，要使植株的叶面、叶背都均匀附着药液，以保证防治效果。

温馨提示

葡萄缺节瘿螨与葡萄霜霉病叶背受害形成的白色斑块相似（图10-185），容易混淆。葡萄霜霉病叶片发病初期产生水渍状黄色斑点，后扩展为黄色至褐色多角形病斑，病斑在叶背面具白色霜霉状物；而葡萄缺节瘿螨初期叶面突起，叶背产生白色斑点。有个小窍门可以更轻松的辨别，葡萄霜霉病的白斑可以用手擦掉，但是葡萄缺节瘿螨的白斑擦不掉。

葡萄霜霉病　　葡萄缺节瘿螨

图10-185　被害叶背对比

刘氏短须螨

刘氏短须螨[*Brevipalpus lewisi* McGregor]属蛛形纲真螨目叶螨总科细须螨科，又称葡萄短须螨、葡萄红蜘蛛。国外在欧洲、美洲和非洲均有发生。我国主要分布于辽宁、河北、北京、山东、河南、安徽、江苏、上海、四川、云南、台湾等省份。葡萄短须螨是多食性害螨，寄主范围广泛，除为害葡萄外，在我国还可为害柑橘、石榴、柿、海棠、枇杷、连翘、忍冬、地锦、文竹、常春藤、月季、紫藤、红枫、紫丁香、紫玉兰、白兰花、锦带花、白蜡树、雪柳、金银木、香樟等多种植物。

图10-186　叶片被害状

【为害特点】该螨以成螨及幼、若螨刺吸为害，葡萄藤的所有绿色部分均可遭受其害。在葡萄叶片上，主要在叶片背面靠近主脉和支脉处取食，随新梢生长可逐渐上移，叶片被害后失绿变黄，严重时造成枯焦脱落（图10-186）。新梢、叶柄、果梗、穗梗被害后，表皮产生褐色或黑色颗粒状突起，俗称"铁丝蔓"，组织变脆，极易折断。果粒前期被害后，果面呈浅褐色锈斑，果皮粗糙硬化，有时从果蒂向下纵裂；果粒后期受害时影响果实着色，且果实含糖量明显降低，酸度增高。

【形态特征】

成螨：雌螨椭圆形，红色或暗红色。体背中央呈纵向隆起，后部末端上下扁平，体长约296微米，体宽约155微米。前足体具3对短小的背毛，后半体具10对背毛，其中背中毛3对，肩毛1对，背侧毛6对，均呈短小的狭披针形。躯体背面中央具不规则网纹。4对足，短粗多皱，各足胫节末端着生1根枝状感毛。雄螨体形与雌螨相似，个体略小。体长约269微米，体宽约137微米。前足体与后半体之间横缝分隔明显，末体较雌螨狭窄（图10-187）。

卵：卵圆形，鲜红色，有光泽，长约40微米，宽30微米。

幼螨：体鲜红色，3对足，白色。体长130～150微米，宽60～80微米。

体两侧各有2根叶状刚毛，腹部末端周缘有4对刚毛，其中第三对为针状的长刚毛，其余为叶状刚毛。

若螨：体淡红色或灰白色，4对足。体长240～310微米，宽100～110微米。

【生活史及习性】刘氏短须螨1年发生多代，在我国山东1年发生约6代。以雌螨越

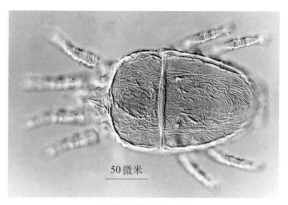

50微米

图10-187　雄　螨

冬，越冬型雌螨浅褐色，多聚集在多年生枝蔓的裂皮下、叶痕处、芽鳞茸毛内越冬。越冬雌虫在翌年4月中、下旬出蛰，开始大多停留在多茸毛的嫩梢部为害刚展叶的嫩梢，半个月左右后开始产卵（4月底至5月初）。随着新梢的生长，逐渐向上蔓延，开始为害叶柄和叶片，坐果后，可扩散到穗柄、果梗、果实为害。10月底开始向越冬部位转移，11月中旬完全隐蔽越冬。该螨在7～8月高温高湿条件下，大量繁殖，为害严重。在叶片上虫体大多集中在叶片背面的基部和叶脉的两侧。成虫有吐丝习性，但丝量很少。卵散产，单雌产卵量一般在21～30粒，一次能产卵8～11粒。卵孵化后经历幼螨、若螨和成螨3个虫态，每次蜕皮前螨不食不动，处于静伏状态，静止1～2天开始蜕皮。雌成螨的衰亡一般出现在产卵后20天左右。

【发生规律】该螨对葡萄品种的敏感性差异很大，这与葡萄品种叶部茸毛的有无、长短和密度有关。刘氏短须螨的发生与温湿度密切相关，气温29℃左右，相对湿度80%～85%的环境条件，最适于该螨的生长发育。

【防治方法】

（1）清洁果园　入冬前或春天葡萄出土上架后，由枝条上部向下检查去除枯枝和翘起的裂皮，连同地上的落叶一同烧毁或深埋，以消灭在老皮内越冬的雌成螨。

（2）加强田间管理　高温高湿有利于刘氏短须螨繁殖、为害。生长季节结合田间管理，合理修剪，及时去除中下部老叶，改善葡萄棚架的通风透光条件，降低温湿度，可有效抑制该螨的大量发生。

（3）保护利用天敌　在使用农药时，要尽量从生态系统整体出发，选择对天敌影响小、对人畜安全、污染小的农药，以充分发挥天敌昆虫的自然控制作用。目前，西方盲走螨等捕食螨已经通过人工饲养实现工厂化生产，可通过田间释放控制其种群数量。

（4）化学防治　春季葡萄发芽时，喷洒3波美度石硫合剂、99%矿物油乳油杀死越冬雌螨。7～8月严重为害时喷施高效低毒药剂，常用种类有1.8%阿维菌素乳油、20%哒螨灵可湿性粉剂、40%炔螨特水乳剂、5%噻螨酮乳油、24%螺螨酯悬浮剂、20%四螨嗪悬浮剂等。

（四）预防为主，综合防治

"预防为主、综合防治"是我国植保工作方针，预防是基础，是在农业生态体系中（葡萄园的生态体系中）科学使用各种简单、经济、有效的措施，把病虫害的数量控制在不影响优质、安全的农产品生产的水平上。

从病虫害的综合防治角度来考虑，防治病虫害的防治方法主要包括以下几个方面：

1.农业防治　农业防治是防治葡萄病、虫、草害所采取的农业技术综合措施，一是通过调整和改善葡萄生长环境，以增强果树对病、虫、草害的抵抗能力；二是通过创造不利于病原物、害虫和杂草生长发育或传播的条件，来达到控制、避免或减轻病、虫、草危害。农业防治如能同物理、化学防治等配合进行，可取得更好的效果。主要包括以下几个方面耕作制度的改进和利用，翻入土中。

（1）中耕　把遗留在地面上的病残体、越冬病原物的休眠体等，翻入土中。

（2）轮作措施　轮作可防病、防虫，控制土传病害、专性寄主的病虫害。

（3）合适的种植密度和架势　过密造成葡萄园郁闭，有利病虫害发生。

（4）合理施肥和灌水　增施磷、钾肥有利于葡萄抗病。

（5）除草、种草、覆草　铲除田间杂草，可以减少某些病虫的来源（图10-188和图10-189）。

（6）田间卫生　落叶后、冬季修剪后，把田间的叶片、枝条、卷须、叶柄、穗轴等清理干净，集中处理（深埋或沤肥、烧毁等）（图10-190至图10-192）。

图10-188　人工除草

图10-189　除草剂除草后效果

图10-190　清除果园落叶

图10-191　清除老树皮

图10-192　粉　碎

（7）种植脱毒苗木　选择和种植脱毒苗木，是防控病毒病害的重要措施。

（8）选择抗病品种　是病虫害防治的重要途径，是最经济有效的方法。

还包括套袋栽培和避雨栽培等。农业防治法是农业生态体系中病虫害防治的重要组成部分和基础，在此基础上结合其他方法和措施，解决葡萄园病虫害的问题。

2. 物理和机械防治　物理防治就是利用病虫害对物理因素的反应规律，利用物理因素防治病虫害。机械防治就是利用人工或机械等适当工具，捕杀或消灭病虫害（减少种群数量）。主要包括：

（1）捕杀法　根据害虫的习性和规律，利用人工和机械捕杀。例如捕杀葡萄天蛾。

（2）诱杀法　根据害虫的趋向性和某种特性，采用适当的方法诱集、杀灭。如果园挂黄板（图10-193），用糖醋液或灯光可以诱杀金龟子（图10-194），用糖液可以诱杀醋蝇等。

图10-193　果园挂黄板

（3）温湿度的利用　利用病虫害对温湿度的适应性，利用温湿度减少病虫害的种群数量。比如52～54℃温水浸泡葡萄苗木5分钟，用于苗木的消毒。

3. 生物防治　生物防治就是利用自然界中的有益生物及生物的天然产物，来控制病虫害的种群数量，使病虫害的发生不能给优质果品生产带来影响或损失的病虫害防治方法。生物防治的基本措施有两类：一是引进外来有益生物，如利用（释放）瓢虫等防治介壳虫，利用（释放）金小蜂、赤眼蜂（图10-195）等防治叶蝉等；二是本地天敌的自

图10-194　诱虫灯

然保护与利用，调节环境条件，使已有的有益生物群体增长并发挥作用；三是微生物农药的产品化，比如使用E26防治根癌病、利用木霉菌防治灰霉病、利用苏云金杆菌防治蛀果类的棉铃虫和夜蛾类害虫；四是利用仿生制剂灭幼脲1号、灭幼脲3号防治鳞翅目害虫。

4.化学防治　化学防治就是利用和喷洒化学物质，消灭、抑制、控制病虫害，保证农业的正常生产或避免（或减轻）损失的方法。按照病虫害防治关键时期用药，推广高效、低毒、低残留、环境友好型

图10-195　赤眼蜂卵卡

农药，优化集成农药的轮换使用、交替使用、精准使用和安全使用等配套技术。严格遵守农药安全使用间隔期。通过合理使用农药，最大限度降低农药使用造成的负面影响。

5.植物检疫　植物检疫是以立法手段防止植物及其产品在流通过程中传播有害生物的措施。根据法律规定接受检疫的植物或植物产品的种类，禁止带入和带出，从而杜绝危险性病、虫、杂草等有害生物的带进和带出，阻止危险性病虫草等有害生物通过人为活动传播蔓延。植物检疫措施，可以把危险性病虫害、某地区没有的病虫害拒之门外，是减少危害种类、消灭病虫害来源的措施。例如葡萄根瘤蚜就是检疫性害虫，1858—1862年传入欧洲，给葡萄种植业和葡萄酒酿造业带来毁灭性打击。

（五）葡萄病虫害规范化防治

1.葡萄病虫害规范防治　葡萄病虫害的规范防治，是预防为主、综合防治的具体体现，是一个连续、规范并且根据气象条件调整的防治病虫害的过程。这个过程包括建立葡萄园前和建立过程中的脱毒苗木选择、苗木检疫、种苗消毒、土壤处理；葡萄园建立后的合理栽培技术和葡萄保健栽培措施；根据当地已经具有的葡萄病虫害种类及发生规律，利用简单、经济、有效、环保的

方法，压低病虫害的数量（杀灭、抑制繁殖、阻止侵染或取食等），把病虫害的数量降低到没有实质性危害的水平。

所谓"没有实质性危害"，是指病虫害的存在不能影响正常的优质农产品生产。田间存在少量的病虫，烂（或者破坏或者取食）几个穗、吃几片叶，对大局没有任何影响，这种状态被称为"没有实质性危害"。

表面上看，葡萄病虫害的规范防治是一个复杂的系统工程；从本质上讲，葡萄病虫害的规范防治，是分步骤、分阶段，操作简便、简单易行的一系列具体措施的链条。

2. 葡萄病虫害规范防治的方法和步骤　病虫害的规范防治法，是以作物生态体系为对象，把各种防治方法具体化，按照作物栽种或栽培的时间序列进行排列和实施的防控方法。病虫害的规范防治法，可以分为：栽种（种植、移栽等）前的防治、栽培过程中的防控措施、生长季的规范化防治措施（农药的使用）与调整、特殊防控措施等4部分内容。并且可以按照以下步骤进行：

1）明确本地区葡萄病虫害的种类　调查和明确葡萄园种植的区域内所有病虫害的种类；并在此基础上，明确在本地区哪些种类是葡萄上重要的病虫害，必须进行防治；哪些是普遍存在，个别年份造成危害；哪些病虫害能在葡萄园发现，但没有实质性危害。明确种类和危害，是病虫害防控基础中的基础。

2）明确这些病虫害的发生规律和有效措施　在明确种类的基础上，把造成危害和潜在威胁的病虫害的发生规律和有效措施弄清楚、搞明白，把防治这些病虫害的健康栽培、农业防治措施、物理机械防治措施、一些生物防治措施等融入具体栽培措施中，形成简便易行的栽培管理规范。

3）制订葡萄栽植前的病虫害防治措施　栽植前，根据气候条件、土壤、品种区试结果等，进行品种选择；对苗木进行检疫和消毒，进行土壤处理或消毒等。

4）根据品种特点和地域特点，评估当地各种病虫害防治的压力　根据病虫害的种类、品种抗性、地域特点，评估各种病虫害的防治压力。

5）制订规范的农药使用方案　每个果园应具有一套完整的防治病虫害的规范化使用药剂方案，并根据农业生产方式（有机食品、绿色食品、无公害食品、GAP等）选择可以使用的农药种类。这个方案就是防治历，是根据品种特点、地域（土壤和气候）特点、病虫害发生规律等内容制订的防治方案。内容包括：

简表：即什么时期采取什么措施；

调整措施：根据病原菌（虫害）与作物、环境的相互关系，在气候条件或种群动态发生变化时，对措施进行调整；

救灾措施：即某种病虫害发生严重或发生的压力比较大时的应急措施。

6）**特殊防控措施** 除融入栽培措施中的防治措施、规范的农药使用外的其他措施，如利用糖醋液诱杀金龟子（是物理防治的内容），列入"特殊防控措施"内容，是规范防治内容的一部分。

附录1 葡萄病虫害防治关键期和关键措施简表

病虫害		防治关键期和关键措施	备 注
病害	霜霉病	叶片上有水、湿润时期（雨水、结露等）的规范保护	以保护剂为基础，配合施用内吸性药剂
	黑痘病	前期防治非常关键，要体现"早"字。芽后至开花前后的防治是防治黑痘病的关键	保护剂结合治疗剂；田间卫生有效；危害重的地块和某些品种（如红地球），注意夏秋梢的保护
	白腐病	落花后到封穗期的规范化保护和雹灾后的紧急处理；阻止白腐病孢子传播是最好的措施	封穗期到转色期是白腐病的发生期，但此时防治为时已晚
	炭疽病	发芽前的田间卫生措施；春季和初夏的防止分生孢子器的形成；幼果期的保护；雨季的规范防治和果实套袋	田间卫生非常重要
	灰霉病	花前、花后、封穗前、转色期（及成熟期）是防治灰霉病的关键期	治疗剂与保护剂配合施用
	酸腐病	封穗期、着色期、成熟期（着色后10～15天）是控制关键期	控制果实伤害是基础；防病为主，病虫兼治是防治酸腐病的关键
	穗轴褐枯病	花序分离至开花前，是防治关键期，可以根据气候或品种施用1～2次杀菌剂	巨峰系品种感病

（续）

	病虫害	防治关键期和关键措施	备　注
病害	褐斑病	是后期病害，但前期的规范化防治对其有效；注意果实采收后的防治	第一批老叶形成期使用的药剂能够兼治褐斑病，是防治的关键
	白粉病	发芽前后是防治最关键期；开花前后易形成第一个发病高峰；是高湿、怕水的病害，干旱地区、干旱季节和保护地栽培发病较严重	硫制剂是治疗白粉病的特效药剂
	缺硼	花序分离期、始花期（或开花前）、果实第二次膨大前后，是补硼的关键期	注意开花前后补硼
虫害	绿盲蝽	发芽后到开花前	杀虫剂
	毛毡病	芽萌动到展叶前、开花前；干旱地区、干旱年份、干旱季节，容易较重发生	杀螨剂；摘除病叶也是非常有效的防控措施
	金龟子	花前、转色期，随见随治	杀虫剂、毒饵、诱捕器等
	介壳虫（远东盔蚧等）	芽前芽后、花前花后（幼虫孵化盛期）是用药关键期	卵的孵化盛期用药是关键；不同地区、同一地区的不同年份孵化盛期不同，请注意植保部门的预测预报
	叶蝉	发芽后及按照世代防控	干旱地区、干旱年份、干旱季节，容易较严重发生
	葡萄短须螨	发芽前、后，开花前是最关键的防治期；干旱年份的6月底至8月也要注意防治	硫制剂和杀螨剂
	葡萄透翅蛾	花序分离期（内吸性杀虫剂）、落花后10～20天（有杀卵作用杀虫剂）	结合田间作业剪除虫枝、利用人工进行防治
	葡萄虎天牛	果实收获前后、3～4叶期（至花序分离期）（内吸性杀虫剂）	被害处变黑，结合修剪剪除虫枝
	葡萄十星叶甲	花后至小幼果期	注意田间卫生

附录2 葡萄病害防治关键点简表

防治时期	防治对象	备 注
萌芽期（出土上架至芽变绿前）	黑痘病、白粉病、白腐病等病害，锈壁虱、短须螨、介壳虫、叶蝉、绿盲蝽等虫害	杀灭越冬菌源、虫源，剥除老皮，施用杀菌剂；雨水较多地域或年份施用铜制剂；雨水少、干旱，施用硫制剂，如石硫合剂；特殊问题选择特殊药剂
2～3叶期	黑痘病、白粉病、锈病、毛毡病等病害，短须螨、介壳虫、叶蝉、绿盲蝽等虫害	对于春雨较多的地区（如南方），此期是黑痘病发病期，也是多雨地区炭疽病的分生孢子器形成期、避雨栽培的白粉病发病初期等；大多数虫害的防控适期。所以，一般情况应施用1次药剂。根据种类、品种和地域选择合适药剂
花序分离期	黑痘病、霜霉病、炭疽病、锈病、灰霉病、穗轴褐枯病、毛毡病等	是葡萄灰霉病和穗轴褐枯病的发病初期，也是多雨地区黑痘病、干旱地区白粉病发生期；还应特别注意春季多雨地区或年份霜霉病侵染花序
开花前	黑痘病、霜霉病、炭疽病、锈病、灰霉病、穗轴褐枯病等病害，蓟马、金龟子等虫害	此期防治重点为灰霉病、穗轴褐枯病和黑痘病，保证花期安全和授粉基数（基本穗型和丰产基数）。（开花前1～2天）推荐施用1次药剂和补硼
落花后	黑痘病、霜霉病、炭疽病、锈病、白腐病、穗轴褐枯病、灰霉病等	落花后是防治病害最关键的时期，应施用防治效果好、杀菌谱广的杀菌剂，还要针对性使用内吸性药剂
小幼果期	黑痘病、霜霉病、炭疽病、灰霉病、锈病、白腐病等	已到规范化防治的关键期，一般7～12天1次药剂，施用1～2次优秀保护性杀菌剂
大幼果期	霜霉病、炭疽病、白腐病、黑腐病、房枯病等	在雨季初期，一般施用1次最优秀杀菌剂，并根据地区和品种进行调整

（续）

防治时期	防治对象	备　注
封穗期	酸腐病、霜霉病、炭疽病、白腐病等	此时期最大的威胁是酸腐病和霜霉病；白腐病发生严重地块或地区，应注意防控白腐病
转色期	酸腐病、灰霉病、霜霉病、炭疽病、白腐病、黑腐病、房枯病、褐斑病等	防治灰霉病和酸腐病的关键期，也是葡萄整个防治历的最关键期。对于炭疽病发生压力较大地区或地块，在葡萄转色初期施用1次防药剂；对于灰霉病发生严重的地区或品种，应施用1次防灰霉病药剂；对于酸腐病发生严重的地区或品种，应采取对应性措施；对于各种果实病害均发生比较严重的地块，在开始进入转色期时，应重点防控
成熟期	灰霉病、霜霉病、炭疽病、房枯病、黑腐病、褐斑病	尽量不使用药剂，如果病害压力大需要使用药剂，必须严格注意农药施用的安全间隔期
采收后至落叶前	霜霉病、褐斑病等	防止早期落叶，增加营养积累，促进枝条成熟和根系发展，减少越冬菌源。以铜制剂为主

附录3 各地区葡萄病虫害规范防治简表

（一）巨峰葡萄病虫害防治规程

北方埋土防寒区巨峰葡萄病虫害药剂防治规程简表（套袋葡萄）

生育期		措　施		备　注
		无公害	有机	
发芽前	芽萌发后至展叶前	5波美度石硫合剂 （1）发芽前，雨水多的年份（枝蔓经常湿润）：施用铜制剂，例如，100倍波尔多液（1：0.5~0.7：100）或80%水胆矾石膏300倍液 （2）白腐病发生严重的地块：出土后先施用50%福美双可湿性粉剂400倍液，把枝蔓喷湿，吐绿时再施用石硫合剂	5波美度石硫合剂	一般均使用石硫合剂，在茸毛呈褐色至叶片展开前施用，出土上架时，扒除老皮、振动枝蔓减少带土
展叶后至开花前	2~3叶期	杀虫剂 （1）环渤海湾区域：2.5%联苯菊酯乳油1 500倍液 （2）中部雨水较多地区，或发芽后气候湿润（雨水多）年份：80%水胆矾石膏600倍液+杀虫杀螨剂（如2.5%联苯菊酯乳油1 500倍液） （3）西部半干旱地区，或发芽后气候干旱年份：杀虫杀螨剂（如2.5%联苯菊酯乳油1 500倍液） （4）以前病虫害防控比较好，发芽后气候干旱：杀虫杀螨剂（如2.5%联苯菊酯乳油1 500倍液或机油乳剂）	苦参碱或机油乳剂	建议使用2~3次药剂。如以绿盲蝽为害的葡萄园，在2~3叶期必须施用1次杀虫剂，兼治毛毡病；如果没有绿盲蝽为害，可以省略这次农药。病害比较复杂的葡萄园，2~3叶期施用80%水胆矾石膏400倍液+2.5%联苯菊酯乳油1 500倍液
	花序分离期	70%甲基硫菌灵可湿性粉剂1 000倍液+硼肥 （1）环渤海湾区域：50%福美双可湿性粉剂1 500倍液+硼肥+杀虫剂 （2）中部雨水较多地区，或发芽后气候湿润（雨水多）年份：50%福美双可湿性粉剂1 500倍液+硼肥+锌钙氨基酸 （3）西部半干旱地区，或发芽后气候干旱年份：杀虫剂（+50%多菌灵可湿性粉剂600倍液+硼肥）	农抗120+硼肥	对于冬季雪多、春季多雨的年份，应混加防霜霉病的药剂，比如50%烯酰吗啉可湿性粉剂4 000倍液、25%精甲霜灵4 000倍液等

（续）

生育期		措　施		备　注
		无公害	有机	
展叶后至开花前	开花前	50%福美双可湿性粉剂1 500倍液 （1）环渤海湾区域：50%多菌灵可湿性粉剂600倍液（+锌钙氨基酸） （2）中部雨水较多地区，或发芽后气候湿润（雨水多）年份：70%甲基硫菌灵可湿性粉剂1 000倍液（+50%烯酰吗啉可湿性粉剂4 000倍液） （3）西部半干旱地区，或发芽后气候干旱年份：50%福美双可湿性粉剂1 500倍液+锌钙氨基酸 （4）以前病虫害防控比较好，发芽后气候干旱：50%福美双可湿性粉剂1 500倍液（或70%甲基硫菌灵可湿性粉剂1 000倍液）+硼肥	武夷菌素	开花前是防控灰霉病、穗轴褐枯病的防控适期，也对白腐病、白粉病、炭疽病有效，所以开花前1~2天应该施用广谱、高效保护性杀菌剂的药剂。对于上年绿盲蝽为害严重的果园，混加杀虫剂（如2.5%联苯菊酯乳油1 500倍液）
谢花后至套袋前	谢花后	谢花后3天左右：喷施50%福美双可湿性粉剂1 500倍液（+40%嘧霉胺悬浮剂1 000倍液） 谢花后10~15天：42%代森锰锌可湿性粉剂600倍液+20%苯醚甲环唑水乳剂3 000倍液 （1）病虫害防控好的葡萄园：花后施用1次农药，然后用药剂处理果穗。50%福美双可湿性粉剂1 500倍液+40%嘧霉胺悬浮剂1 000倍液+磷钾氨基酸300倍液；套袋前用50%福美双可湿性粉剂3 000倍液+50%抑霉唑乳油3 000倍液（或50%啶酰菌胺水分散粒剂1 200倍液）喷果穗 （2）早套袋的葡萄园：花后雨水少时施用1次农药，而后用药剂处理果穗。50%福美双可湿性粉剂1 500倍液+磷钾氨基酸300倍液；套袋前用50%福美双可湿性粉剂3 000倍液+50%抑霉唑乳油3 000倍液（或50%啶酰菌胺水分散粒剂1 200倍液）喷果穗 （3）一般谢花后25~30天套袋，使用3次药剂：50%福美双可湿性粉剂1 500倍液+40%嘧霉胺悬浮剂1 000倍液+磷钾氨基酸300倍液；10天后，42%代森锰锌悬浮剂800倍液+20%苯醚甲环唑水乳剂3 000倍液+杀虫剂；套袋前用50%福美双可湿性粉剂3 000倍液+50%抑霉唑乳油3 000倍液（或50%啶酰菌胺水分散粒剂1 200倍液）喷果穗	谢花后3天左右，施夷武菌素+硼肥	建议使用2~3次药剂：谢花后是全年的最重要时期；之后，根据具体情况，确定是否补充使用1次
	处理果穗	50%福美双可湿性粉剂3 000倍液+50%抑霉唑乳油3 000倍液喷果穗	武夷菌素	

（续）

生育期		措　　施		备　注
		无公害	有机	
套袋后至摘袋前	套袋后立即施用	50%福美双可湿性粉剂1 500倍液+硼肥	波尔多液+硼肥	
	距上次用药15天左右	用1次80%水胆矾石膏800倍液+50%烯酰吗啉可湿性粉剂4 000倍液	波尔多液	
	距上次用药10天左右	波尔多液	波尔多液	
	距上次用药15天左右	80%水胆矾石膏800倍液+2.5%联苯菊酯乳油1 500倍液	水胆矾石膏+机油乳剂	
	之后	根据情况施用1~2次铜制剂如波尔多液	波尔多液	
摘袋后至采收	摘袋后	果品保鲜剂处理		采摘前需要摘袋的果园，如果不储藏（直接销售），不用药剂；需要储藏的果园，如果摘袋后有雨水，最好在摘袋后用50%抑霉唑乳油3 000倍液喷1次果穗
采收后	1~2次药剂	立即施用1次药剂（如50%福美双可湿性粉剂1 500倍液或波尔多液），然后看天气情况施用1~2次铜制剂（如波尔多液），直到落叶	铜制剂+机油乳剂	埋土前要彻底清扫果园，把枯枝烂叶清理出果园高温处理或高温堆肥

救灾措施：

（1）若出现绿盲蝽普遍为害，立即施用2.5%联苯菊酯1 500倍液，发生较重时可施用2.5%联苯菊酯1 500倍液+5%甲基阿维菌素苯酸盐水分散粒剂1 500倍液。

（2）若发现霜霉病的发病中心，对发病中心进行特殊处理：水胆矾石膏600倍液+50%烯酰吗啉可湿性粉剂3 000倍液；4~5天后，42%代森锰锌悬浮剂600倍液+80%霜脲氰水分散粒剂2 500倍液，以后正常管理。若霜霉病发生普遍，且气候利于霜霉病的发生（或已经大发生）：第一次用80%水胆矾石膏600倍液+50%烯酰吗啉可湿性粉剂3 000倍液；2天后（最好不要超过4天），施用42%代森锰锌悬浮剂600倍液+25%精甲霜灵水剂2 000倍液；4~5天后，80%水胆矾石膏800倍液+80%霜脲氰水分散粒剂2 500倍液；以后正常管理。

（3）出现冰雹：8小时内施用50%福美双可湿性粉剂1 500倍液[或80%代森锰锌可湿性粉剂800倍液+40%氟硅唑乳油8 000倍液（或80%戊唑醇水分散粒剂6 000倍液）]，重点喷果穗和新枝条。

（4）若褐斑病发生普遍，并且气候湿润有利于褐斑病的发生（或已大发生），采用如下防治方法：第一次用42%代森锰锌可湿性粉剂800倍液+80%戊唑醇水分散粒剂6 000倍液；5天后（最好不要超过5天），施用50%福美双可湿性粉剂2 000倍液+20%苯醚甲环唑水乳剂3 000倍液。以后正常管理。如果酸腐病（发现尿袋），刚发生时，马上全园施用1次2.5%联苯菊酯乳油1 500倍液+80%水胆矾石膏800倍液，然后尽快剪除发病穗（用桶和塑料袋收集后带出田外，集中处理；不要随意丢弃）。

（5）若有醋蝇存在的果园，在全园用药后，在无风晴天时，用80%敌敌畏乳油300倍液喷地面，随后经常检查果园，随时清理病穗，并妥善处理。辅助措施：可以糖醋液加敌百虫或其他杀虫剂配成诱饵，诱杀醋蝇成虫（为了使果蝇更好地取食诱饵，可以在诱饵上铺上破布等，以利醋蝇停留和取食）

北方埋土防寒区巨峰葡萄病虫害药剂防治规程简表（不套袋葡萄）

生育期		措　　施		备　注
		无公害	有机	
发芽前	芽萌发后至展叶前	5波美度石硫合剂 （1）发芽前，雨水多的年份（枝蔓经常湿润）：施用铜制剂，如100倍波尔多液（1：0.5~0.7：100）或80%水胆矾石膏300倍液 （2）白腐病发生严重的地块：出土后先施用50%福美双可湿性粉剂400倍液，把枝蔓喷湿，吐绿时再施用石硫合剂	5波美度石硫合剂	一般均使用石硫合剂，在茸毛呈褐色至叶片展开前施用，出土上架时，扒除老皮、振动枝蔓减少带土
展叶后至开花前	2~3叶期	杀虫剂（如2.5%联苯菊酯乳油1 500倍液） （1）环渤海湾区域：2.5%联苯菊酯乳油1 500倍液 （2）中部雨水较多地区，或发芽后气候湿润（雨水多）年份：80%水胆矾石膏600倍液+杀虫杀螨剂（如2.5%联苯菊酯乳油1 500倍液） （3）西部半干旱地区，或发芽后气候干旱年份：杀虫杀螨剂（如2.5%联苯菊酯乳油1 500倍液）。 （4）以前病虫害防控比较好，发芽后气候干旱：杀虫杀螨剂（如2.5%联苯菊酯乳油1 500倍液或机油乳剂）	苦参碱或机油乳剂	建议使用2~3次药剂：2~3叶期针对绿盲蝽、叶蝉、介壳虫、红蜘蛛等；花序分离、开花前是降低多种病害的菌势、保证花期安全的关键时期
	花序分离期	70%甲基硫菌灵可湿性粉剂1 000倍液+硼肥 （1）环渤海湾区域：50%福美双可湿性粉剂1 500倍液+硼肥+杀虫剂 （2）中部雨水较多地区，或发芽后气候湿润（雨水多）年份：50%福美双可湿性粉剂1 500倍液+硼肥+锌钙氨基酸 （3）西部半干旱地区，或发芽后气候干旱年份：杀虫剂（+50%多菌灵600倍液+硼肥）	农抗120+硼肥	
	开花前	50%福美双可湿性粉剂1 500倍液 （1）环渤海湾区域：50%多菌灵600倍液（+锌钙氨基酸） （2）中部雨水较多地区，或发芽后气候湿润（雨水多）年份：70%甲基硫菌灵可湿性粉剂1 000倍液（+50%烯酰吗啉可湿性粉剂4 000倍液） （3）西部半干旱地区，或发芽后气候干旱年份：50%福美双可湿性粉剂1 500倍液+锌钙氨基酸。 （4）以前病虫害防控比较好，发芽后气候干旱：50%福美双可湿性粉剂1 500倍液（或70%甲基硫菌灵可湿性粉剂1 000倍液）+硼肥	武夷菌素	

（续）

生育期		措　施		备　注
		无公害	有机	
谢花后至套袋前	谢花后3天左右	50%福美双可湿性粉剂1 500倍液（+40%嘧霉胺悬浮剂1 000倍液）+硼肥	武夷菌素＋硼肥	使用2~3次药剂：谢花后、封穗前是全年的最重要时期。之后，根据具体情况，确定是否补充使用1次
	距上次用药15天左右	42%代森锰锌悬浮剂800倍液（+20%苯醚甲环唑水乳剂3 000倍液）	波尔多液	
	封穗前（距上次用药10天左右）	50%福美双可湿性粉剂1 500倍液+50%烯酰吗啉可湿性粉剂4 000倍液	武夷菌素	
封穗期至转色前	封穗后	施用1次50%福美双可湿性粉剂1 500倍液	波尔多液	套袋后根据天气使用3~5次药剂：套袋后立即喷施50%福美双可湿性粉剂1 500倍液（一定要均匀周到）；以保护性杀菌剂为主，对应性使用1~2次内吸性杀菌剂；根据虫害种类及发生情况，使用1次杀虫剂
	15天左右	用1次80%水胆矾石膏800倍液+50%烯酰吗啉可湿性粉剂4 000倍液	波尔多液	
	10天左右	波尔多液	波尔多液	
	10天左右	80%水胆矾石膏800倍液+2.5%联苯菊酯乳油1 500倍液	水胆矾石膏＋机油乳剂	
转色期至成熟期	转色后	果品保鲜剂处理		从转色到成熟，一般40天左右时间，根据病虫害的发生压力，使用2~3次药剂；注意农药使用的安全间隔期
	10天后			
	10天后			
采收后	1~2次药剂	立即施用1次药剂（如50%福美双可湿性粉剂1 500倍液或波尔多液），然后看天气情况施用1~2次铜制剂（如波尔多液），直到落叶	铜制剂＋机油乳剂	埋土前要彻底清扫果园，把枯枝烂叶清理出果园高温处理或高温堆肥

救灾措施：参阅北方埋土防寒区域巨峰葡萄病虫害防治药剂使用的防治规程简表

南方避雨栽培巨峰葡萄病虫害药剂防治规程简表

<table>
<tr><th rowspan="3">生育期</th><th colspan="4">措　施</th><th rowspan="3">备　注</th></tr>
<tr><th colspan="2">无公害</th><th rowspan="2">有机</th></tr>
<tr><th>避雨栽培</th><th>前期促成，
后期避雨栽培</th></tr>
<tr>
<td>发芽前</td>
<td>芽萌发后至展叶前</td>
<td>5波美度石硫合剂</td>
<td>5波美度石硫合剂</td>
<td>5波美度石硫合剂</td>
<td>药剂最好在绒球发绿后使用。喷洒时尽量均匀周到，枝蔓、架、田间杂物（桩、杂草等）都要喷洒。使用越晚防治病虫的效果越好，但注意不要伤害幼芽和幼叶</td>
</tr>
<tr>
<td>展叶后至开花前</td>
<td>2~3叶期</td>
<td>杀虫剂或杀虫螨（＋防治白粉病的药剂）
（1）若有绿盲蝽、螨类、介壳虫、毛毡病等虫害：必须使用杀虫杀螨剂，如2.5%联苯菊酯乳油1 500倍液，或2.0%阿维菌素乳油3 000倍液，或45%马拉硫磷乳油1 500倍液等
（2）若只是虫害（绿盲蝽、介壳虫）：必须使用1次杀虫剂，如2.5%联苯菊酯乳油1 500倍液，或10%氯氰菊酯乳油2 000倍液或40%辛硫磷乳油800倍液
（3）若只是螨类（螨类、毛毡病），必须使用1次杀螨剂
（4）若有白粉病的葡萄园，在2~3叶期必须使用1次杀菌剂，如石硫合剂（生长期使用0.2~0.3波美度，在18~30 ℃条件下使用），或50%福美双可湿性粉剂3 000倍液，或25%吡唑嘧菌酯乳油2 000倍液，或25%嘧菌酯悬浮剂1 000~1 500倍液，或20%苯醚甲环唑水乳剂3 000倍液，或80%戊唑醇水分散粒剂8 000倍液，或40%三唑酮乳油3 000倍液，或50%多菌灵可湿性粉剂600倍液
（5）病害虫害比较复杂的葡萄园，使用20%苯醚甲环唑水乳剂3 000倍液＋杀虫杀螨剂
（6）如果没有虫害、螨类为害，也没有白粉病为害时，可以省略此次用药</td>
<td>杀虫剂或杀虫螨（＋防治白粉病的药剂：80%戊唑醇8 000倍液）</td>
<td>0.2~0.3波美度石硫合剂或机油乳剂</td>
<td>一般用2次杀菌剂加1次杀虫剂</td>
</tr>
</table>

(续)

生育期		措施		有机	备注
		无公害			
		避雨栽培	前期促成，后期避雨栽培		
展叶后至开花前	花序分离期	50%福美双可湿性粉剂1 500倍液+21%保倍硼2 000倍液	50%福美双可湿性粉剂1 500倍液（+40%嘧霉胺悬浮剂800倍）+21%保倍硼2 000倍液	农抗120+硼肥	一般用2次杀菌剂加1次杀虫剂
	开花前	70%甲基硫菌灵可湿性粉剂1 000~1 200倍液（或50%啶酰菌胺水分散粒剂1 500倍液） （1）灰霉病发生严重或普遍的葡萄园，可以选择50%啶酰菌胺水分散粒剂1 500倍液，或与70%甲基硫菌灵可湿性粉剂1 000~1 200倍液混合使用 （2）有虫害（螨类、介壳虫、毛毡病、斑衣蜡蝉、蓟马等虫害）和螨类害虫的葡萄园，尤其是在花期有虫害的葡萄园，应增加使用杀虫杀螨剂。70%甲基硫菌灵可湿性粉剂1 000~1 200倍液（+50%啶酰菌胺水分散粒剂1 500倍液）+杀虫杀螨剂	70%甲基硫菌灵可湿性粉剂1 000~1 200倍液（+50%烟酰胺乳油1 500倍液）（+杀虫剂）。可以使用的杀虫剂：2.5%联苯菊酯乳油1 500倍液，或10%氯氰菊酯乳油2 000倍液，或40%辛硫磷乳油800倍液，或25%吡蚜酮悬浮剂1 500倍液等；杀虫杀螨剂：2.5%联苯菊酯乳油1 500倍液，或45%马拉硫磷乳油1 500倍液，或2.0%阿维菌素乳油3 000倍液等；杀螨剂：15%哒螨灵乳油2 000倍液等	武夷菌素	
谢花后至套袋前	谢花后2~3天	50%福美双可湿性粉剂1 500倍液+40%嘧霉胺悬浮剂1 000倍液（+杀虫剂）	50%福美双可湿性粉剂1 500倍液（+40%嘧霉胺悬浮剂1 000倍液）+杀虫剂（如2.5%联苯菊酯乳油1 500倍液）	多氧霉素（+杀虫剂）	根据套袋时间，使用1~2次药剂；套袋前处理果穗（涮果穗或喷果穗）；处理果穗药剂+展着剂
	8~10天	20%苯醚甲环唑水乳剂3 000~4 000倍液		水胆矾石膏	
	套袋1~3天	50%福美双可湿性粉剂3 000倍液+20%苯醚甲环唑水乳剂3 000倍液+50%抑霉唑乳油3 000倍液（或50%啶酰菌胺水分散粒剂1 200倍液）（+杀虫剂）		武夷菌素	

（续）

生育期		措　施			备　注
		无公害		有机	
		避雨栽培	前期促成，后期避雨栽培		
套袋后至摘袋前	套袋后立即施用	80%戊唑醇水分散粒剂8 000~10 000倍液或20%苯醚甲环唑水乳剂3 000倍液		0.2~0.3波美度石硫合剂	一般使用2次药剂。对于晚熟品种（或欧亚种），套袋后至采收，时间比较长，可以根据气候和病害发生的情况增加1次杀菌剂（最好使用三唑类药剂）。对于病害控制比较好的葡萄园（尤其是中、早熟品种），可减少1次农药，可省去（1），只进行（2），但应和杀虫剂混合使用。螨类发生严重或比较普遍的葡萄园，套袋后应使用1次杀螨剂
	距上次用药15天左右	80%水胆矾石膏600倍液+杀虫剂（如2.5%联苯菊酯1 500倍液）		80%水胆矾石膏600倍液+杀虫剂（机油乳剂或苦参碱）	
采收					不使用药剂
采收后		采收后应尽快揭去薄膜，改善葡萄的光照。采收后，使用1次线粒体呼吸抑制剂、50%福美双可湿性粉剂3 000倍液或25%吡唑醚菌酯乳油2 000倍液。之后15天左右施用1次铜制剂。如果发生霜霉病，首先使用80%水胆矾石膏600倍液＋50%烯酰吗啉可湿性粉剂4 000倍液，7~10天后再施用1次铜制剂。霜霉病严重，按照救灾措施处理		波尔多液	

救灾措施：发现酸腐病、霜霉病参阅北方埋土防寒区域巨峰葡萄病虫害药剂防治规程简表。若台风或大风破坏棚膜和果袋：处理果穗的药剂重新处理果穗，重新套袋

非埋土防寒区（沪宁沿线地区）露地巨峰葡萄病虫害药剂防治规程简表

生育期		措　施	备　注
发芽前	吐绿	5波美度石硫合剂（或铜制剂或其他） （1）雨水多、发芽前枝蔓湿润时间长时：使用铜制剂 （2）对于病虫害比较复杂的果园：使用80%水胆矾石膏300~500倍液与机油（或柴油）乳剂200倍液的混合液；病害比较复杂时，可以使用其他药剂，如三唑类药剂	绒球期使用，最好在绒球发绿后使用。喷洒时尽量均匀周到，枝蔓、架、田间杂物（桩、杂草等）都要喷洒药剂。使用越晚防治病虫的效果越好，但要注意不要伤害幼芽和幼叶
展叶后至开花前	2~3叶期	50%多菌灵可湿性粉剂600倍液+杀虫剂	一般使用3次以上杀菌剂和1次杀虫剂
	花序分离期	50%福美双可湿性粉剂1 500~2 000倍液+21%保倍硼2 000倍液 对于花序分离至开花前多雨年份：建议使用2次药剂，花序分离期使用1次，之后7天左右再使用1次药剂，即70%甲基硫菌灵可湿性粉剂1 200倍液+42%代森锰锌悬浮剂800倍液	
	开花前	50%啶酰菌胺水分散粒剂2 000倍液（或70%甲基硫菌灵可湿性粉剂1 200倍液）+50%烯酰吗啉可湿性粉剂4 000倍液（+杀虫剂）	
始花期	开花3%~5%	开花前可以使用70%甲基硫菌灵可湿性粉剂1 200倍液+杀虫剂（如2.5%联苯菊酯乳油1 500倍液） （1）雨水多，病害比较复杂时：使用50%啶酰菌胺水分散粒剂2 000倍液+杀虫剂。对于大小粒比较严重的果园，可以使用70%甲基硫菌灵可湿性粉剂1 200倍液+杀虫剂+21%保倍硼3 000倍液 （2）干旱年份：使用50%多霉威可湿性粉剂600倍液+2.5%联苯菊酯乳油1 500倍液。 （3）春季雨水多，上年霜霉病发生比较普遍的葡萄园：70%甲基硫菌灵可湿性粉剂1 000倍液+50%烯酰吗啉可湿性粉剂3 000倍液+21%保倍硼3 000倍液	花期不使用农药；遇到特殊情况，按照救灾措施使用药剂。但要注意，施药时尽可能避开盛花期，最好选择晴天的下午用药，且用过药后，天黑之前药液能干
谢花后至套袋前	谢花后2~3天	40%嘧霉胺悬浮剂1 000倍液+42%代森锰锌悬浮剂800倍液+杀虫剂（+21%保倍硼2 000倍液）	根据套袋时间，选用施药方案，并根据具体情况同时使用叶面肥。①40%嘧霉胺悬浮剂1 000倍液（或50%多霉威水分散粒剂600倍液）+42%代森锰锌悬浮剂800倍液+杀虫剂。②50%福美双可湿性粉剂3 000倍液+20%苯醚甲环唑水乳剂3 000倍液。③50%福美双可湿性粉剂1 500倍液+20%苯醚甲环唑水乳剂2 500倍液。早套袋（谢花后20~25天套袋），按①②使用；晚套袋（谢花后25~30天套袋），按①②③使用
	谢花后10~12天	50%福美双可湿性粉剂1 500倍液+20%苯醚甲环唑水乳剂2 500倍液	

（续）

生育期		措　施	备　注
谢花后至套袋前	谢花后25天	50％福美双可湿性粉剂3 000倍液+20％苯醚甲环唑水乳剂2 000倍液+70％甲基硫菌灵可湿性粉剂1 200倍液（+杀虫剂）或25％吡唑醚菌酯2 000倍液+70％甲基硫菌灵可湿性粉剂1 200倍液（+杀虫剂）	套袋前处理果穗（涮果穗或喷果穗）：选择两个方案中的任何一个+展着剂
套袋后至摘袋前	套袋后立即施用	50％福美双可湿性粉剂1 500倍液，根据具体情况使用药剂	根据具体情况使用药剂，并根据具体情况同时使用叶液面肥，如磷钾氨基酸300倍液
	12~15天后	42％代森锰锌悬浮剂800倍液面肥，如磷钾氨基酸300倍液+50％烯酰吗啉水分散粒剂4 000倍液	
	转色期	80％水胆矾石膏800倍液+2.5％联苯菊酯乳油1 500倍液	
	其他时期	铜制剂	
		铜制剂（+特殊内吸性药剂）	
采收			不使用药剂
采收后		1~4次药剂，以铜制剂为主，波尔多液200倍液。如果有霜霉病发生，使用80％水胆矾石膏800倍液+50％烯酰吗啉水分散粒剂3 000倍液（或80％霜脲氰水分散粒剂2 500倍液）。如果发现天蛾、卷叶蛾等虫害，采收后的第一次农药使用波尔多液+80％敌百虫可溶性粉剂1 000倍液；第二次，在进入落叶期前，使用波尔多液100倍液，或80％水胆矾石膏400倍液，或30％氧氯化铜600倍液。最好的做法是：15天左右1次铜制剂，一直到落叶期	

救灾措施：发现酸腐病、霜霉病参阅北方埋土防寒区域巨峰葡萄病虫害药剂防治规程简表。若台风或大风破坏棚膜和果袋：处理果穗的药剂重新处理果穗，重新套袋

北方大棚巨峰葡萄病虫害药剂防治规程简表

生育期		措　施		备　注
		无公害	有机	
发芽前	芽萌发后至展叶前	5波美度石硫合剂	5波美度石硫合剂	绒球期使用
展叶后至开花前	2~3叶期	杀虫剂或杀虫螨剂或0.2~0.3波美度石硫合剂	机油乳剂或0.2~0.3波美度石硫合剂	一般使用2次杀菌剂加1次杀虫剂
	开花前	50%福美双可湿性粉剂1 500倍液或70%甲基硫菌灵可湿性粉剂1 000~1 200倍液	武夷菌素	
谢花后至套袋前	谢花后2~3天	50%福美双可湿性粉剂1 500倍液（+杀虫剂）	水胆矾石膏	根据套袋时间，使用1~2次药剂；套袋前处理果穗（涮果穗或喷果穗）：处理果穗药剂+展着剂
	套袋前1~3天	50%福美双可湿性粉剂3 000倍液+50%抑霉唑乳油3 000倍液（或50%烟酰胺乳油1 200倍液）（+杀虫剂）	武夷菌素	
套袋后至摘袋前		80%戊唑醇水分散粒剂8 000~10 000倍液或20%苯醚甲环唑水乳剂3 000倍液	波尔多液	套袋后至摘袋，一般使用2次左右药剂
		80%水胆矾石膏600倍液+杀虫剂（如25%联苯菊酯1 500倍液）	80%水胆矾石膏600倍液+机油乳剂	
采收				不使用药剂
采收后		参照采收后露地栽培执行		

救灾措施：参阅北方埋土防寒区域巨峰葡萄病虫害药剂防治规程简表

（二）红地球葡萄病虫害防治规程

河南红地球葡萄病虫害药剂防治规程简表

生育期		措　施	备　注
发芽前	芽吐绿时	5波美度石硫合剂 （1）雨水多、发芽前枝蔓湿润时间长时：使用铜制剂（可以使用波尔多液或80%水胆矾石膏300~500倍液），喷洒时尽量均匀周到，枝蔓、架、田间杂物（桩、杂草等）都要喷洒药剂 （2）对于病虫害比较复杂的果园：使用80%水胆矾石膏300~500倍液+机油乳剂 （3）对于上年白腐病严重的果园：可在施用石硫合剂前7天左右，使用1次50%福美双可湿性粉剂600倍液 （4）埋土时枝干有损伤的果树：对伤口可以用20%苯醚甲环唑水乳剂2 000倍液处理伤口	
展叶后至开花前	2~3叶期	杀菌剂+杀虫剂 （1）绿盲蝽是必须防治的害虫，黑痘病不是问题，但需要使用保护性杀菌剂 （2）有介壳虫的果园：把杀虫剂换成25%吡蚜酮悬浮剂1 500~2 000倍液或苯氧威 （3）上年黑痘病比较严重的葡萄园：使用杀虫剂+80%水胆矾石膏800倍液（+40%氟硅唑乳油8 000倍液）	一般使用3次以上杀菌剂和1次杀虫剂（1~2次杀虫剂，3次杀菌剂，混合使用）；干旱年份，使用3次药剂（2~3次杀虫剂，2~3次杀菌剂，混合使用）；春雨较多的年份，使用4次药剂（1~2次杀虫剂，4次杀菌剂，混合使用）
	2~4叶期	杀虫剂	
	花序分离期	50%福美双可湿性粉剂1 500~2 000倍液+硼肥 斑衣蜡蝉发生普遍的葡萄园：使用50%福美双可湿性粉剂1 500倍液+保倍硼2 000倍液+杀虫剂	
	开花前	70%甲基硫菌灵可湿性粉剂1 000倍液+21%保倍硼3 000倍液（+杀虫剂） （1）田间还有绿盲蝽、蓟马、金龟子、叶甲等为害的葡萄园：需要混加杀虫剂 （2）春季雨水多，尤其有霜霉病早发风险时：使用70%甲基硫菌灵可湿性粉剂1 200倍液+50%烯酰吗啉水分散粒剂4 000倍液+21%保倍硼3 000倍液	

(续)

生育期		措　　施	备　　注
谢花后至套袋前	谢花后2~3天	40%嘧霉胺悬浮剂1 000倍液+42%代森锰锌悬浮剂800倍液+杀虫剂（+21%保倍硼2 000倍液）	根据套袋时间，使用2~3次药剂：①50%福美双可湿性粉剂1 500倍液+20%苯醚甲环唑水乳剂3 000倍液。②42%代森锰锌悬浮剂800倍液。③42%代森锰锌悬浮剂600倍液（+40%氟硅唑乳油8 000倍液）。谢花后到套袋前的药剂防治：早套袋（谢花后20~25天套袋），使用2次药，按①②用药。晚套袋（谢花后30天左右套袋），用3次药，按①②③使用 缺锌的果园可以加用锌钙氨基酸300倍液于谢花后2~3次
	谢花后15天	42%代森锰锌悬浮剂800倍液+40%氟硅唑乳油8 000倍液	
	谢花后23天左右	42%代森锰锌悬浮剂600倍液+70%甲基硫菌灵可湿性粉剂1 200倍液	
	套袋前1~3天	50%福美双可湿性粉剂3 000倍液+20%苯醚甲环唑水分散粒剂2 000倍液+50%抑霉唑乳油3 000倍液（+杀虫剂）处理果穗 （1）若上年果穗上有杂菌感染果穗的、果实腐烂严重的葡萄园：使用50%福美双可湿性粉剂3 000倍液+50%抑霉唑乳油3 000倍液+20%苯醚甲环唑水分散粒剂2 000倍液，处理果穗 （2）上年灰霉病比较严重的葡萄园：用50%福美双可湿性粉剂3 000倍液+50%烟酰胺乳油1 200倍液（或40%嘧霉胺悬浮剂800倍）处理果穗 （3）上年炭疽病较重的果园：用50%福美双可湿性粉剂2 000倍液+20%苯醚甲环唑水乳剂1 500倍液+50%抑霉唑乳油3 000倍液（+杀虫剂）处理果穗 （4）袋内容易受到害虫危害（粉蚧、棉铃虫、甜菜夜蛾等）：果穗处理的药剂中加入杀虫剂（如3%苯氧威乳油1 000倍液，或1%甲氨基阿维菌素苯甲酸盐水分散粒剂1 500~2 500倍液，或25%吡蚜酮悬浮剂1 500倍液等）	
套袋后至摘袋前	套袋后立即施用	50%福美双可湿性粉剂1 500倍液	根据具体情况使用药剂，并根据具体情况同时使用叶面肥，如磷钾氨基酸300倍液
	12~15天后	42%代森锰锌悬浮剂800倍液+50%烯酰吗啉可湿性粉剂4 000倍液	
	转色期	80%水胆矾石膏800倍液+杀虫剂	
	其他时期	铜制剂	
		铜制剂（+特殊内吸性药剂）	

（续）

生育期		措　　施	备　　注
采收		不摘袋的不施用药	采摘前不摘袋的，一般不使用药剂。如果摘袋采收，摘袋后遇雨水，可以使用1次50%抑霉唑乳油3 000倍液或50%啶酰菌胺水分散粒剂1 500倍液，只喷果穗（但注意不要出现药滴）
采收后		（1）采收后至少使用2次药：采收后立即使用1次铜制剂，如波尔多液200倍液或80%水胆矾石膏600倍液等；开始落叶前，再使用1次铜制剂。如果采收后有比较普遍的霜霉病，使用铜制剂＋50%烯酰吗啉可湿性粉剂3 000倍液（或80%霜脲氰水分散粒剂2 500倍液），之后使用铜制剂，按照10~15天1次处理，直到落叶 （2）如果发现天蛾、卷叶蛾等虫害：采收后的第一次农药使用波尔多液150~180倍液＋80%敌百虫可溶性粉剂1 000倍液，之后正常处理	根据采收期确定，1~4次药剂，以铜制剂为主

救灾措施：参阅北方埋土防寒区域巨峰葡萄病虫害药剂防治规程简表

陕西红地球葡萄病虫害药剂防治规程简表

生育期		措　　施	备　　注
发芽前	芽吐绿时	5波美度石硫合剂（或铜制剂或其他） （1）雨水多、发芽前枝蔓湿润时间长时：使用铜制剂（可以使用波尔多液或80%水胆矾石膏300~500倍液），喷洒时尽量均匀周到，枝蔓、架、田间杂物（桩、杂草等）都要喷洒药剂 （2）对于病虫害比较复杂的果园：使用80%水胆矾石膏300~500倍液＋机油乳剂 （3）对于上年白腐病严重的果园：可在施用石硫合剂前7天左右，使用1次50%福美双可湿性粉剂600倍液 （4）埋土时枝干有损伤的果树：对伤口可以用20%苯醚甲环唑水乳剂2 000倍液处理伤口	如果果园有特殊情况，可以根据具体情况采取特殊措施
展叶后至开花前	2~3叶期	杀虫剂＋80%水胆矾石膏800倍液	一般使用3次以上杀菌剂和1~2次杀虫剂
	4~6叶期	杀虫剂	
	花序分离期	50%福美双可湿性粉剂1 500倍液（＋20%苯醚甲环唑水乳剂3 000倍液）＋21%保倍硼2 000倍液	
	开花前	70%甲基硫菌灵可湿性粉剂1 200倍液＋保倍硼3 000倍液（＋杀虫剂）	

（续）

生育期		措　施	备　注
谢花后至套袋前	谢花后2~3天	50%福美双可湿性粉剂1 500倍液（+40%嘧霉胺悬浮剂1 000倍液）	根据套袋时间，使用2~3次药剂，套袋前处理果穗：①50％福美双可湿性粉剂1 500倍液＋20％苯醚甲环唑水乳剂3 000倍液。②42％代森锰锌悬浮剂800倍液。③42％代森锰锌悬浮剂600倍液（＋40%氟硅唑乳油8 000倍液） 谢花后到套袋前的药剂防治：早套袋（谢花后20~25天套袋），使用2次药，按①②用药。晚套袋（谢花后30天左右套袋），用3次药，按①②③使用 缺锌的果园可以加用锌钙氨基酸300倍液于谢花后2~3次
	谢花后15天	42%代森锰锌悬浮剂800倍液（+20%苯醚甲环唑水乳剂3 000倍液）	
	谢花后22天左右	42%代森锰锌悬浮剂600倍液（+70%甲基硫菌灵可湿性粉剂1 200倍液）	
	套袋前1~3天	50%福美双可湿性粉剂3 000倍液+20%苯醚甲环唑水乳剂2 000倍液+50%抑霉唑乳剂3 000倍液（+杀虫剂） （1）上年果穗上有杂菌感染果穗的、果实腐烂严重的葡萄园：使用50%福美双可湿性粉剂3 000倍液＋50%抑霉唑乳油3 000倍液＋20%苯醚甲环唑水乳剂2 000倍液，处理果穗 （2）上年灰霉病比较严重的葡萄园：用50%福美双可湿性粉剂3 000倍液＋50%烟酰胺乳油1 200倍液（或40%嘧霉胺悬浮剂800倍）处理果穗 （3）上年炭疽病较重的果园：用50%福美双可湿性粉剂2 000倍液＋20%苯醚甲环唑水剂1 500倍液＋50%抑霉唑乳油3 000倍液（＋杀虫剂）处理果穗 （4）袋内易受到害虫危害（粉蚧、棉铃虫、甜菜夜蛾等）：果穗处理的药剂中加入杀虫剂（如3%苯氧威1 000倍液，或1%甲氨基阿维菌素苯甲酸盐水分散粒剂1 500~2 500倍液，或25%吡蚜酮悬浮剂1 500倍液等）	
套袋后至摘袋前	套袋后立即施用	50%福美双可湿性粉剂1 500倍液	根据具体情况使用药剂，并根据具体情况同时使用叶液面肥，如磷钾氨基酸300倍液
	12~15天后	42%代森锰锌悬浮剂800倍液+50%烯酰吗啉可湿性粉剂4 000倍液	
	转色期	80%水胆矾石膏800倍液+2.5%联苯菊酯1 500倍液	
	其他时期	铜制剂	
		铜制剂（+特殊内吸性药剂）	
采收		采摘前不摘袋的，一般不使用药剂 如果摘袋采收，摘袋后遇雨水：可以使用1次50%抑霉唑乳油3 000倍液或50%啶酰菌胺水分散粒剂1 500倍液，只喷果穗（但注意不要出现药滴）	
采收后		（1）采收后至少使用2次药：采收后立即使用1次铜制剂，如波尔多液200倍液或80%水胆矾石膏600倍液等；开始落叶前，再使用1次铜制剂。如果采收后有比较普遍的霜霉病，使用铜制剂＋50%烯酰吗啉可湿性粉剂3 000倍液（或80%霜脲氰水分散粒剂2 500倍液），之后使用铜制剂，按照10~15天1次处理，直到落叶 （2）如果发现天蛾、卷叶蛾等虫害：采收后的第一次农药使用波尔多液150~180倍液＋80%敌百虫可溶性粉剂1 000倍液，之后，正常处理	根据采收期确定，采收后用1~4次药剂，以铜制剂为主

救灾措施：参阅北方埋土防寒区域巨峰葡萄病虫害药剂防治规程简表

河北中南部地区红地球葡萄病虫害药剂防治规程简表

生育期		措　施	备　注
发芽前	芽吐绿时	5波美度石硫合剂（或铜制剂或其他） （1）雨水多、发芽前枝蔓湿润时间长时：使用铜制剂（可以使用波尔多液或80%水胆矾石膏300~500倍液），喷洒时尽量均匀周到，枝蔓、架、田间杂物（桩、杂草等）都要喷洒药剂 （2）对于病虫害比较复杂的果园：使用80%水胆矾石膏300~500倍液＋机油乳剂 （3）对于上年白腐病严重的果园：可在施用石硫合剂前7天左右，使用1次50%福美双可湿性粉剂600倍液 （4）埋土时枝干有损伤的果树：对伤口可以用20%苯醚甲环唑水乳剂2 000倍液处理伤口	如果果园有特殊情况，可以根据具体情况采取特殊措施
展叶后至开花前	2~3叶期	80%水胆矾石膏800倍液＋杀虫剂	一般使用3次杀菌剂、1次杀虫剂
	花序分离期	50%福美双可湿性粉剂1 500倍液＋21%保倍硼2 000倍液	
	开花前	70%甲基硫菌灵可湿性粉剂800倍液＋保倍硼3 000倍液（＋杀虫剂）	
谢花后至套袋前	谢花后2~3天	50%福美双可湿性粉剂1 500倍液＋70%甲基硫菌灵可湿性粉剂1 200倍液	根据套袋时间，使用2~3次药剂，套袋前处理果穗： ①50%福美双可湿性粉剂1 500倍液＋20%苯醚甲环唑水乳剂3 000倍液。②42%代森锰锌悬浮剂800倍液。③42%代森锰锌悬浮剂600倍液（＋40%氟硅唑乳油8 000倍液）。 谢花后到套袋前的药剂防治：早套袋（谢花后20~25天套袋），使用2次药，按①②用药。晚套袋（谢花后30天左右套袋），用3次药，按①②③使用 缺锌的果园可以加用锌钙氨基酸300倍液于谢花后2~3次
	谢花后15天	42%代森锰锌悬浮剂800倍液＋20%苯醚甲环唑水乳剂3 000倍液	
	谢花后23天左右	42%代森锰锌悬浮剂600倍液	
	套袋前1~3天	50%福美双可湿性粉剂3 000倍液＋20%苯甲环唑水乳剂2 000倍液＋40%嘧霉胺悬浮剂1 000倍液（＋杀虫剂）	套袋前处理果穗（涮果穗或喷果穗）＋展着剂
套袋后至摘袋前	套袋后立即施用	50%福美双可湿性粉剂1 500倍液	根据具体情况使用药剂，并根据具体情况同时使用叶面肥，如磷钾氨基酸300倍液
	12~15天后	42%代森锰锌悬浮剂800倍液＋50%烯酰吗啉可湿性粉剂4 000倍液	
	转色期	80%水胆矾石膏800倍液＋杀虫剂（如2.5%联苯菊酯乳油1 500倍液）	
	其他时期	铜制剂 铜制剂（＋特殊内吸性药剂）	

(续)

生育期		措　施	备　注
采收		采摘前不摘袋的，一般不使用药剂。如果摘袋采收，摘袋后遇雨水，可以使用1次50%抑霉唑乳油3 000倍液或50%啶酰菌胺水分散粒剂1 500倍液，只喷果穗（但注意不要出现药滴）	
采收后		采收后至少使用2次药：采收后立即使用1次铜制剂，比如波尔多液200倍液或80%水胆矾石膏600倍液等；开始落叶前，再使用1次铜制剂。如果采收后有比较普遍的霜霉病，使用铜制剂＋50%烯酰吗啉可湿性粉剂3 000倍液（或80%霜脲氰水分散粒剂2 500倍液），之后使用铜制剂，按照10~15天1次处理，直到落叶 　　如果发现天蛾、卷叶蛾等虫害：采收后的第一次农药使用波尔多液150~180倍液＋80%敌百虫可溶性粉剂1 000倍液，之后正常处理	根据采收期确定，施药1~4次药剂，以铜制剂为主

救灾措施：参阅北方埋土防寒区域巨峰葡萄病虫害药剂防治规程简表

辽宁红地球葡萄病虫害药剂防治规程简表

生育期		措　施	备　注
发芽前	芽吐绿时	5波美度石硫合剂（或铜制剂或其他） （1）雨水多、发芽前枝蔓湿润时间长时：使用铜制剂（可以使用波尔多液或80%水胆矾石膏300~500倍液），喷洒时尽量均匀周到，枝蔓、架、田间杂物（桩、杂草等）都要喷洒药剂 （2）对于病虫害比较复杂的果园：使用80%水胆矾石膏300~500倍液＋机油乳剂 （3）对于上年白腐病严重的果园：可在施用石硫合剂前7天左右，使用1次50%福美双可湿性粉剂600倍液 （4）埋土时枝干有损伤的果树：对伤口可用20%苯醚甲环唑水乳剂2 000倍液处理伤口	如果果园有特殊情况，可以根据具体情况采取特殊措施
展叶后至开花前	2~3叶期	80%水胆矾石膏800倍液＋杀虫剂（如2.5%联苯菊酯乳油1 500倍液或10%氯氰菊酯2 000倍液）	一般使用3次杀菌剂、1次杀虫剂
	花序分离期	50%福美双可湿性粉剂1 500倍液（+40%嘧霉胺悬浮剂1 000倍液）＋保倍硼2 000倍液	
	开花前	70%甲基硫菌灵可湿性粉剂800倍液＋保倍硼3 000倍液＋杀虫剂	

（续）

生育期		措　施	备　注
谢花后至套袋前	谢花后2~3天	42%代森锰锌悬浮剂800倍液+20%苯醚甲环唑水乳剂3 000倍液+40%嘧霉胺悬浮剂1 000倍液	根据套袋时间，使用2~3次药剂，套袋前处理果穗：①50%福美双可湿性粉剂1 500倍液+20%苯醚甲环唑水乳剂3 000倍液。②42%代森锰锌悬浮剂800倍液。③42%代森锰锌悬浮剂600倍液（+40%氟硅唑乳油8 000倍液） 谢花后到套袋前的药剂防治：早套袋（谢花后20~25天套袋），使用2次药，按①②用药。晚套袋（谢花后30天左右套袋），用3次药，按①②③使用 缺锌的果园可以加用锌钙氨基酸300倍液于谢花后2~3次
	谢花后8~10天	50%福美双可湿性粉剂1 500倍液+70%甲基硫菌灵可湿性粉剂1 200倍液	
	谢花后20天左右	42%代森锰锌悬浮剂600倍液	
	套袋前1~3天	50%福美双可湿性粉剂3 000倍液+20%苯醚甲环唑水乳剂2 000倍液+50%抑霉唑乳油3 000倍液（+杀虫剂）	套袋前处理果穗（涮果穗或喷果穗）+展着剂
套袋后至摘袋前	套袋后立即施用	50%福美双可湿性粉剂1 500倍液	根据具体情况使用药剂，并根据具体情况同时使用叶面肥，如磷钾氨基酸300倍液
	12~15天后	42%代森锰锌悬浮剂800倍液+50%烯酰吗啉可湿性粉剂4 000倍液	
	转色期	80%水胆矾石膏800倍液+杀虫剂（如2.5%联苯菊酯乳油1 500倍液）	
	其他时期	铜制剂	
		铜制剂（+特殊内吸性药剂）	
采收		不摘袋的不施用药	采摘前不摘袋的，一般不使用药剂。如果摘袋采收，摘袋后遇雨水，可以使用1次50%抑霉唑乳油3 000倍液或50%啶酰菌胺水分散粒剂1 500倍液，只喷果穗（但注意不要出现药滴）
采收后		（1）采收后至少使用2次药：采收后立即使用1次铜制剂，如波尔多液200倍液或80%水胆矾石膏600倍液等；开始落叶前，再使用1次铜制剂。如果采收后有比较普遍的霜霉病，使用铜制剂+50%烯酰吗啉可湿性粉剂3 000倍液（或80%霜脲氰水分散粒剂2 500倍液），之后使用铜制剂，按照10~15天1次处理，直到落叶 （2）如果发现天蛾、卷叶蛾等虫害：采收后的第一次农药使用波尔多液150~180倍液+80%敌百虫可溶性粉剂1 000倍液，之后正常处理	根据采收期确定施药次数，一般施用1~4次，以铜制剂为主

救灾措施：参阅北方埋土防寒区域巨峰葡萄病虫害药剂防治规程简表

云南红地球葡萄病虫害药剂防治规程简表（正常套袋）

生育期		措　施	备　注
发芽前	芽吐绿时	喷施3~5波美度石硫合剂或80%硫黄水分散粒剂600倍液（或45%石硫合剂晶体稀释20~40倍液） （1）在有雨或潮湿时，改用80%水胆矾石膏300倍液 （2）冬剪时介壳虫数量多的果园，剪后1周喷施40%杀扑磷乳油1 000倍液＋50%福美双可湿性粉剂500倍液，绒球期再用石硫合剂	
展叶后至开花前	2~3叶期	20%苯醚甲环唑水乳剂3 000倍液＋甲氨基阿维菌素苯甲酸盐＋吡虫啉	2~3叶期，若白粉病和黑痘病都会在中后期造成危害，在发芽时施用硫制剂的基础上，用1次苯醚甲环唑。有介壳虫的果园，调整为20%苯醚甲环唑水乳剂3 000倍液＋甲氨基阿维菌素苯甲酸盐＋25%吡蚜酮悬浮剂1 000~1 500倍液 注意：杀虫剂间隔不要超过6天
	花序展露	杀虫剂（如2.5%联苯菊酯乳油1 500倍液） 上年炭疽病特别重的葡萄园：可以使用45%咪酰胺3 000倍液＋2.5%联苯菊酯乳油1 500倍液	
	花序分离期	50%福美双可湿性粉剂1 500倍液（＋40%嘧霉胺悬浮剂1 000倍液）＋保倍硼2 000倍液，喷药细致周到，最好连架子、铁丝等都要喷上药 如果发芽后气候比较湿润：调整为50%福美双可湿性粉剂1 500倍液＋21%保倍硼2 000倍液＋40%嘧霉胺悬浮剂1 000倍液	花期一般情况不用药。如果发现蓟马，施用30%吡虫啉可湿性粉剂5 000倍液（或70%吡虫啉水分散粒剂8 000倍液）
	开花前	70%甲基硫菌灵可湿性粉剂1 200倍液＋5%啶虫脒1 500倍液＋锌肥 （1）如果开花前遇雨，用药调整为：42%代森锰锌悬浮剂800倍液＋70%甲基硫菌灵可湿性粉剂（丽致）1 200倍液（或其他70%甲基硫菌灵可湿性粉剂800倍液）＋5%啶虫脒乳油1 500倍液＋锌肥 （2）若本地区土壤钾含量较低：开花前最好施用1次钾肥	
谢花后至套袋前	谢花后2~3天	50%福美双可湿性粉剂1 500倍液＋50%烯酰吗啉可湿性粉剂3 000倍液＋70%吡虫啉水分散粒剂7 500倍液	谢花后15天左右，用15毫克/千克GA₃＋40%嘧霉胺悬浮剂1 000倍液处理果穗 套袋前药剂处理果穗：50%福美双可湿性粉剂3 000倍液＋20%苯醚甲环唑水乳剂1 500倍液涮果穗＋展着剂
	15天左右	42%代森锰锌悬浮剂800倍液＋20%苯醚甲环唑水乳剂3 000倍液	
	10天左右	50%福美双可湿性粉剂1 500倍液＋40%氟硅唑乳油8 000倍液	
	15天左右	果穗处理之后3~5天套袋	

（续）

生育期		措　施	备　注
套袋后至摘袋前	套袋后立即施用	铜制剂，如80%水胆矾石膏600~800倍液	根据具体情况使用药剂，并根据具体情况同时使用叶面肥，如磷钾氨基酸300倍液
	10天后	50%福美双可湿性粉剂3 000倍液+50%烯酰吗啉可湿性粉剂3 000倍液	
	20天后	80%水胆矾石膏600~800倍液	
采收	不摘袋	根据采收期的长短使用1~2次保护性杀菌剂，10天左右1次	发现霜霉病问题请参考紧急处理措施
	摘袋后	不使用农药	
采收后		立即使用1次50%福美双可湿性粉剂1 500倍液；20天后，使用保护性杀菌剂，10~15天1次，直到落叶；9月底必须叶面喷施锌肥、硼肥	

救灾措施：（1）花期出现烂花序：施用70%甲基硫菌灵可湿性粉剂1 200倍液（＋50%啶酰菌胺水分散粒剂1 500倍液）。

（2）花期同时出现灰霉病和霜霉病侵染花序：施用70%甲基硫菌灵可湿性粉剂1 200倍液（＋50%啶酰菌胺水分散粒剂1 500倍液）＋50%烯酰吗啉可湿性粉剂3 000倍液。

（3）发现霜霉病的发病中心：在发病中心及周围，使用1次50%烯酰吗啉可湿性粉剂3 000倍液＋保护剂。如果霜霉病发生比较严重或比较普遍，先使用1次50%烯酰吗啉可湿性粉剂4 000倍液＋保护剂（保护剂可以选择50%福美双可湿性粉剂3 000倍液、80%水胆矾石膏600倍液或30%氧氯化铜600倍液，或50%福美双可湿性粉剂1 500倍液），3天左右使用80%霜脲氰水分散粒剂2 500倍液；之后4天，再使用保护性杀菌剂，而后进行正常管理。

（4）出现夜蛾类幼虫为害幼果时：发现有夜蛾类幼虫为害实时，马上全园施用1次甲氨基阿维菌素苯甲酸盐水分散粒剂，3天后用1次氟虫腈或虫螨腈。

（5）霜霉病感染果穗时：第一次用药，先用50%烯酰吗啉可湿性粉剂1 500倍液细致喷果穗，然后马上全园使用药剂，按照救灾措施处理。

（6）田间发现白粉病：马上全园施用80%硫黄熏蒸剂1 000倍液；5天后42%代森锰锌悬浮剂800倍液＋40%氟硅唑乳油8 000倍液（或50%福美双可湿性粉剂3 000倍液，或20%苯醚甲环唑水乳剂2 000倍液），10天后50%福美双可湿性粉剂1 500倍液。

（7）封穗后，发现白腐病果穗：先把病果及病穗轴剪掉，用20%苯醚甲环唑水乳剂1 500倍液喷防。如果发现果粒上有炭疽病的小黑点：马上用50%福美双可湿性粉剂3 000倍液＋20%苯醚甲环唑水乳剂1 500~2 000倍液＋展着剂，处理果穗。

（8）如果遇上冰雹或者大暴雨：对前几年有白腐病发生的果园，在冰雹过后尽快施用1次50%福美双可湿性粉剂1 500倍液（＋40%氟硅唑乳油8 000倍液）。

（9）发生酸腐病：参阅北方埋土防寒区域巨峰葡萄病虫害药剂防治规程简表

云南晚套袋红地球葡萄病虫害药剂防治规程简表（推迟套袋）

生育期		措　施	备　注
发芽前		3~5波美度石硫合剂或80%硫黄水分散粒剂600倍液（或45%石硫合剂晶体稀释20~40倍液） （1）在有雨或潮湿时，调整为：80%水胆矾石膏300倍液 （2）冬剪时介壳虫数量多的果园：剪后1周喷施40%杀扑磷1000倍液+50%福美双500倍液，绒球期再用石硫合剂	绒毛期到吐绿期使用
展叶后至开花前	2~3叶期	20%苯醚甲环唑水乳剂3000倍液+甲氨基阿维菌素苯甲酸盐+吡虫啉 （1）白粉病和黑痘病在中后期造成危害时：在发芽时施用硫制剂的基础上，用1次苯醚甲环唑 （2）有介壳虫的果园，调整为：20%苯醚甲环唑水乳剂3000倍液+甲氨基阿维菌素苯甲酸盐+25%吡蚜酮悬浮剂1000~1500倍液	杀虫剂间隔不要超过6天
	花序展露	杀虫剂（如2.5%联苯菊酯乳油1500倍液） 上年炭疽病特别重的葡萄园：可以使用45%咪酰胺3000倍液+2.5%联苯菊酯乳油1500倍液	
展叶后至开花前	花序分离期	50%福美双可湿性粉剂1500倍液（+40%嘧霉胺悬浮剂1000倍液）+21%保倍硼2000倍液，喷药细致周到，最好连架子、铁丝等都要喷上药 如果发芽后气候比较湿润，调整为：50%福美双可湿性粉剂1500倍液+21%保倍硼2000倍液+40%嘧霉胺悬浮剂1000倍液	花期一般情况不用药。如果发现蓟马，施用30%吡虫啉可湿性粉剂5000倍液（或70%吡虫啉水分散粒剂8000倍液）
	开花前	70%甲基硫菌灵可湿性粉剂1200倍液+5%啶虫脒1500倍液+锌肥 （1）如果开花前遇雨，用药调整为：42%代森锰锌悬浮剂800倍液+70%甲基硫菌灵可湿性粉剂1200倍液+5%啶虫脒1500倍液+锌肥。 （2）若本地区土壤钾含量较低：开花前最好施用1次钾肥	
谢花后至套袋前	谢花后2~3天	50%福美双可湿性粉剂1500倍液+50%烯酰吗啉可湿性粉剂3000倍液+70%吡虫啉水分散粒剂7500倍液	谢花后15天左右，用15毫克/千克GA₃+40%嘧霉胺悬浮剂1000倍液处理果穗；套袋前50%福美双可湿性粉剂3000倍+20%苯醚甲环唑水乳剂1500倍涮果穗
	15天左右	42%代森锰锌悬浮剂800倍液+20%苯醚甲环唑水乳剂3000倍液	
	10天左右	50%福美双可湿性粉剂1500倍液+40%氟硅唑乳油8000倍液	
	15天左右	42%代森锰锌悬浮剂800倍液	
	10天后	50%福美双可湿性粉剂3000倍液+50%烯酰吗啉可湿性粉剂3000倍液	

（续）

生育期		措　施	备　注
套袋后至摘袋前	套袋后	80%水胆矾石膏600~800倍液+杀虫剂	田间发现醋蝇，把最后1次用药调整为80%水胆矾石膏800倍液＋2.5%联苯菊酯乳油1 500倍液。发生酸腐病，按救灾措施处理。发现霜霉病问题请参考紧急处理措施
	10天后	80%水胆矾石膏600~800倍液	
采收	不摘袋	根据采收期的长短使用1~2次保护性杀菌剂，10天左右1次	带袋采收的果园，由于采收期较长，而此时霜霉病的压力较大，超过10天应施用1次保护性杀菌剂，如：50%福美双可湿性粉剂1 500倍液、80%水胆矾石膏800倍液、42%代森锰锌悬浮液800倍液等。发现霜霉病问题请参考紧急处理措施
	摘袋后	不使用农药	
采收后		立即使用1次50%福美双可湿性粉剂1 500倍液；20天后，使用保护性杀菌剂，10~15天1次，直到落叶；9月底必须叶面喷施锌肥、硼肥	

救灾措施：参阅云南红地球葡萄病虫害药剂防治规程简表（正常套袋）

新疆天山一带红地球葡萄药剂防治规程简表

生育期		措　施		备　注
		正常套袋 （谢花后30天左右套袋）	**推迟套袋** （一般在7月下旬或8月上旬套袋）	
出土前		出土前10~15天灌水，利于推迟发芽，减轻春季霜冻（如果土壤较干燥，灌水；如果土壤湿润，不需要灌水） 出土前注意天气预报，确保出土后1~2天没有霜冻。地头堆积玉米秸秆（相隔10米），发生春寒时点燃，防止倒春寒		
发芽前		3~5波美度石硫合剂。如果发芽前后雨水频繁（植株湿润），应施用80%波尔多液400倍液		
展叶后至开花前	2~3叶期	50%福美双可湿性粉剂1 500倍液		
	花序分离期	70%甲基硫菌灵可湿性粉剂800~1 200倍液+21%保倍硼2 000倍液		

（续）

生育期		措　施		备　注
		正常套袋 （谢花后30天左右套袋）	推迟套袋 （一般在7月下旬或8月上旬套袋）	
花期	始花期	50%福美双可湿性粉剂1 500倍液+21%保倍硼2 000倍液		花期（开花10%至落花80%）约6天，花期不用农药。如果遇到特殊情况，可以施用安全性好的药。但要注意最好避开盛花期，且选择晴天的下午用药。花期有金龟子为害的果园，可以在开花前2~4天用的药中加2.5%联苯菊酯乳油1 500倍液。另外，在天黑后的2小时内灯光诱杀
谢花后至套袋前	谢花后2天	50%福美双可湿性粉剂1 500倍液（+40%嘧霉胺悬浮剂1 000倍液）+保倍钙肥1 000倍液	50%福美双可湿性粉剂1 500倍液（+40%嘧霉胺悬浮剂1 000倍液）	
	上次药剂后12~15天	42%代森锰锌悬浮剂800倍液（或30%代森锰锌800倍液）+20%苯醚甲环唑水乳剂3 000倍液+保倍钙肥1 000倍液	42%代森锰锌悬浮剂800倍液（+50%烯酰吗啉可湿性粉剂4 000倍液）	
	上次用药7~10天后		50%福美双可湿性粉剂1 500倍液	
谢花后至套袋前	上次用药12~15天后		42%代森锰锌悬浮剂800倍液（或30%代森锰锌800倍液）+20%苯醚甲环唑水乳剂3 000倍液 根据气候情况和套袋时间，使用1~2次药剂，与钙肥一起使用。如50%福美双可湿性粉剂1 500倍液+保倍钙肥1 000倍液、42%代森锰锌悬浮剂800倍液（或30%代森锰锌悬浮剂800倍液）+保倍钙肥1 000倍液、80%波尔多液800倍液+保倍钙肥1 000倍液等	
	套袋前1~3天	50%福美双可湿性粉剂3 000倍液+50%抑霉唑乳油3 000倍液+20%苯醚甲环唑水乳剂2 000倍液浸果穗或喷果穗	50%福美双可湿性粉齐3 000倍液+50%抑霉唑乳油3 000倍液+20%苯醚甲环唑水乳剂2 000倍液，浸果穗或喷果穗	

（续）

生育期		措　　施		备　注
		正常套袋 （谢花后30天左右套袋）	推迟套袋 （一般在7月下旬或8月上旬套袋）	
套袋后至摘袋前	套袋后	立即施用1次50%福美双可湿性粉剂1 500倍液（一定要均匀周到）	立即施用1次50%福美双可湿性粉剂1 500倍液（一定要均匀周到）	一般套袋后以保护性杀菌剂为主（主要是铜制剂），根据套袋早晚、天气状况等进行调整，确定用药次数。推迟套袋一般施用2次左右药剂
	转色期	施用1次80%波尔多液800倍液+2.5%联苯菊酯乳油1 500倍液	施用1次80%波尔多液800倍液+2.5%联苯菊酯乳油1 500倍液	
采收	摘袋前	施用1次80%必备800倍液		
	摘袋后	报纸袋：摘袋后有雨水，于摘袋后1~3天喷施1次1.8%新菌胺醋酸盐600倍液。如果果袋内有灰霉病病穗超过3%，及时剪除病穗，施用1次50%抑霉唑乳油3 000倍液 专用袋：发现套袋果有灰霉病病穗超过3%，可以使用50%抑霉唑乳油3 000倍液处理果穗后采收		
采收后	果实采收后	采收后可立即施用80%必备800倍液或波尔多液 霜霉病比较普遍的葡萄园：首先施用1次内吸性杀菌剂（根据当年施用农药的情况和内吸治疗剂轮换用药的原则，可以选择金科克、甲霜灵、霜脲氰、乙膦铝等），5~7天后再施用必备或王铜。果实采收后，应同时施用肥料（底肥、追肥）、中耕、浇水等。霜冻来临或稍后，进行冬季修剪（10月底或11月上中旬），修剪后埋土防寒		
	埋土防寒	田间卫生：冬季修剪的同时或埋土后，对修剪下的枝条、田间的枝叶、架上的卷须、叶片等进行全面清扫，集中到葡萄园外统一处理		

救灾措施：

①发现霜霉病的发病中心：在发病中心及周围，使用1次50%烯酰吗啉3 000倍液+50%福美双可湿性粉剂1 500倍液。如果霜霉病发生比较严重或比较普遍，先使用1次50%烯酰吗啉可湿性粉剂4 000倍液+保护剂（保护剂可以选择50%福美双可湿性粉剂1 500倍液、80%波尔多液600倍液，或30%代森锰锌悬浮液800倍液，或30%王铜悬浮剂600倍液），3天左右使用80%霜脲氰水分散粒剂2 500倍液，4天后使用保护性杀菌剂。而后8天左右1次药剂，以保护性杀菌剂为主。连续阴雨（葡萄植株上一直带水），没有办法使用药剂，田间有霜霉病发病中心时可以在雨停的间歇（2~3小时），带雨水使用药剂：50%烯酰吗啉可湿性粉剂1 000~1 500倍液，喷洒在有雨水的葡萄植株正面上，作为连续阴雨的灾害应急措施。

②田间发现白粉病：全园施用50%福美双可湿性粉剂1 500倍液+70%丽致800倍液，3~5天后，施用40%氟硅唑乳油8 000倍液，也可以施用50%福美双可湿性粉剂3 000倍液。

③发生酸腐病：刚发生时，全园立即施用1次2.5%联苯菊酯乳油1 500倍液+80%波尔多液800倍液，然后尽快剪除发病穗。不要掉到地上，要用桶和塑料袋收集后带出田外，越远越好，挖坑深埋。

④田间有醋蝇存在的果园，在全园用药后，先在没有风的晴天时，用80%敌敌畏乳油300倍液间隔3天喷地面2次，（要特别注意施药时的人身安全），待醋蝇全部死掉后，及时处理烂穗。随后，经常检查果园，随时发现病穗，随时清理出园，妥善处理。辅助措施：可以用糖醋液加敌百虫或其他杀虫剂配成诱饵，诱杀醋蝇成虫（为了使醋蝇更好的取食诱饵，可以在诱饵上铺上破布条，以利醋蝇停留和取食）。田间醋蝇较多，防治难度大时，全园用药时加入50%灭蝇胺水溶性粉剂1 500倍液。

⑤有金龟子（尤其是花金龟）为害果实：施用的有机肥（特别是动物粪便，如鸡粪）要经过充分腐熟；灯光诱杀，在天黑后的2小时之内，用灯光诱杀，2小时可以关灯；全园施用2.5%联苯菊酯乳油1 500倍液或45%马拉硫磷1 000倍液；糖醋液诱杀

（三）酿酒葡萄（赤霞珠）病虫害防治规程

山东酿酒葡萄病虫害药剂防治规程简表

时期	措　施	备　注
休眠期	清理田间落叶、修剪后的枝条；清理田间葡萄架上的卷须、枝条、叶柄，沤肥或做沼气。在冬季修剪后，使用1次药剂（多胺类、次氯酸钠等消毒剂）	
发芽前	剥除老树皮；喷3~5波美度石硫合剂（芽萌动后，芽变褐至绿时）	
2~3叶期	0.1~0.2波美度的石硫合剂或其他硫制剂	从胶东半岛的葡萄病害的发生历史上和气候上考虑，2~3叶期可以不使用药剂；但绿盲蝽已成为重要虫害，应采取措施进行防治；有个别果园存在白粉病、红蜘蛛、毛毡病、透翅蛾等发生问题，应进行监测或防治。具体措施：防治绿盲蝽使用杀虫剂，有机葡萄园可以选择0.1~0.2波美度的石硫合剂，或机油乳剂，或苦参碱，或藜芦碱等。对于有白粉病为害的葡萄园使杀菌剂；对于有红蜘蛛、毛毡病为害的葡萄园选择杀螨剂。上年果实腐烂严重的，可以选择福美双
花序展露期	根据情况而定，病虫害为害轻的可以省略药剂使用	建议不使用农药，但绿盲蝽为害严重的葡萄园，应补施1次杀虫剂
花序分离期	保护性杀菌剂＋菊酯类杀虫剂	注意灰霉病、炭疽病、溃疡病、白腐病、穗轴褐枯病的防治，还要注意硼肥的使用。药剂上可以选择优秀保护性杀菌剂，与硼肥混合使用。一般果园，建议使用：50%福美双可湿性粉剂1 500倍液＋硼肥3 000倍液
开花前2~4天	50%多菌灵600倍液（或70%甲基硫菌灵可湿性粉剂800~1 000倍液）＋硼肥（＋50%烯酰吗啉可湿性粉剂4 000倍液）	开花前与花序分离期一致，是灰霉病、黑痘病、炭疽病、霜霉病、穗轴褐枯病等病害的防治点，是透翅蛾、金龟子等虫害的防治点，也是补硼最重要的时期之一。从胶东半岛的葡萄病虫害的发生历史上和气候上考虑，开花前2~4天应该使用药剂。如果气候湿润，或雨水较多的，要进行调整，可以选择霜霉病的内吸性药剂和多菌灵或甲基硫菌灵混合使用；或者根据葡萄园病虫害发生具体情况考虑。注意，开花前硼肥的使用，可以根据土壤中硼的含量，选择使用1~3次，可以与药剂混合使用
谢花后至封穗前	第1次注意灰霉病的防治：50%福美双可湿性粉剂1 500倍液；15天后，42%代森锰锌悬浮剂600倍液＋20%苯醚甲环唑水乳剂3 000倍液；再15天后，50%福美双可湿性粉剂1 500倍液＋50%烯酰吗啉可湿性粉剂4 000倍液	根据品种和区域，使用2~4次药剂

（续）

时 期	措 施	备 注
封穗至转色期	2~4次药剂，以铜制剂为主。结合使用1次杀虫剂、1次霜霉病的内吸性药剂。即大幼果期和封穗后，一般以铜制剂为主，15天左右使用1次，保护叶片和枝蔓。波尔多液、水胆矾石膏、王铜（氧氯化铜）等，都是可以选择的药剂。7月底到9月初，是霜霉病普遍或大发生的时期，建议使用1次霜霉病内吸性药剂（一般为保护性与内吸性杀菌剂联合使用），是重要的防治措施	烂果性病害比较严重的果园，配合使用1次三唑类杀菌剂
转色至成熟期	使用1~2次铜制剂，转色后应对酸腐病进行重点防治	酸腐病的防治包括三方面的内容：幼果期使用对果实安全的药剂，果实生长的中后期搞好水分管理、控制裂果，果园内不要混合种植成熟期有差异的不同品种等，是防治酸腐病的基础；在转色期及之后的10天左右，使用1~2次对应性药剂；发现酸腐病剪除烂果或病果穗，带出田间处理，整园采取对应性措施
采收后至落叶	1~2次药剂，以铜制剂为主。结合使用1次杀虫剂	
落叶后	清理落叶	

紧急处理措施：发现霜霉病的病病中心，对发病中心进行特殊处理，一般处理2次（1次保护性杀菌剂＋霜霉病的内吸性药剂，3~5天再使用1次霜霉病的内吸性药剂），以后正常管理；霜霉病发生普遍，并且气候有利于霜霉病的发生，使用3次药剂防治：第1次用保护性杀菌剂＋霜霉病的内吸性药剂；3~5天再使用1次霜霉病的内吸性药剂；5天后再用保护性杀菌剂＋霜霉病的内吸性药剂。

果实腐烂的病害发生普遍（白腐病、灰霉病、炭疽病）时，剪除烂果（烂果不能随意丢在田间，应使用袋子或桶收集到一起，带出田外，挖坑深埋），用药剂喷果穗（根据病害选择对应性措施）。处理果穗后，建议使用波尔多液1次，15天后使用80%水胆矾石膏600倍液＋20%苯醚甲环唑水乳剂3 000倍液，再15天后使用80%水胆矾石膏600倍液＋40%嘧霉胺悬浮剂1 200倍液。之后，正常管理

甘肃酿酒葡萄病虫害药剂防治规程简表

时 期	措 施	备 注
休眠期	清理田间落叶、修剪后的枝条；清理田间葡萄架上的卷须、枝条、叶柄。沤肥或做沼气在冬季修剪后，使用1次药剂：多胺类、次氯酸钠等消毒剂	应监测红蜘蛛、毛毡病、绿盲蝽、双棘长蠹、白粉病等病虫害发生情况
发芽前	前剥除老树皮喷3~5波美度石硫合剂（芽萌动后，芽变褐至绿时）	
2~3叶期	0.1~0.2波美度石硫合剂或其他硫制剂；或杀虫剂	

（续）

时　期	措　　施	备　　注
花序展露期	使用1次有机磷类杀虫剂	应注意斑衣蜡蝉的防治，还要注意硼肥的使用
花序分离期	保护性杀菌剂＋菊酯类杀虫剂	花序分离期应注意斑衣蜡蝉、灰霉病、霜霉病、穗轴褐枯病的防治，还要注意硼肥的使用。药剂上可以选择保护性杀菌剂、杀虫剂，与硼肥混合使用
开花前2~4天	使用1次50%多菌灵600倍液或70%甲基硫菌灵800~1 000倍液	如果气候湿润或雨水较多的，要进行调整，可以选择霜霉病的内吸性药剂和多菌灵或甲基硫菌灵混合使用；或者根据葡萄园病虫害发生具体情况考虑
谢花后至封穗前	一般3次左右。落花后到封穗前是全年的防治重点：先用50%福美双可湿性粉剂1 500倍液，15天后，选用42%代森锰锌悬浮剂600倍液（＋20%苯醚甲环唑水乳剂3 000倍液）；第2次用药15天后，选用50%福美双可湿性粉剂1 500倍液＋50%烯酰吗啉可湿性粉剂4 000倍液	
封穗至转色期	一般以铜制剂为主，15天左右使用1次，保护叶片和枝蔓。波尔多液、水胆矾石膏、王铜等，都是可以选择的药剂	转色期前后防治酸腐病：转色期前后，是防治酸腐病的重要时期。酸腐病的防治包括三方面的内容：①基础。幼果期使用对果实安全的药剂，果实生长的中后期搞好水分管理，控制裂果；果园内，不要种植（成熟期有差异的）不同品种等，是防治酸腐病的基础。②用药。在转色期及之后的10天左右，使用2次药剂。③紧急处理。发现湿袋（袋底部湿，简称"尿袋"），先摘袋，剪除烂果（烂果不能随意丢在田间，应使用袋子或桶收集到一起，带出田外，挖坑深埋），用必备处理果穗
转色至成熟期	使用1次铜制剂	
采收后至落叶	1~2次药剂，以铜制剂为主。结合使用1次内吸性的杀虫剂	
落叶后	清理落叶	

　　紧急处理措施：霜霉病普遍发生或大发生；雨季，是霜霉病容易大发生的时期。在田间，一般首先发现发病中心，而后发生普遍，再大暴发。所以，对于霜霉病的发病中心和雨季来临等，给予重点防治。7月底和8月初，是霜霉病普遍或大发生的时期，保护性与内吸性杀菌剂联合使用，是重要的防治措施

新疆沿天山北坡酿酒葡萄病虫害药剂防治规程简表

生育期	措　施	备　注
发芽前	3~5波美度石硫合剂。如果发芽前后，雨水频繁（植株湿润），应施用80%水胆矾石膏400倍液	
2~3叶期	硫制剂或保倍福美双+杀虫剂	一般使用50%福美双可湿性粉剂1 500倍液+2.5%联苯菊酯乳油1 500倍液。之后，可以根据虫害的发生情况，确定是否再补加1次杀虫剂
花序分离期	70%甲基硫菌灵800~1 200倍液或铜制剂	上年灰霉病过重的果园或者开花前多雨的年份：花序分离期使用50%烯酰吗啉可湿性粉剂4 000倍液+甲基硫菌灵，在开花前用50%福美双可湿性粉剂+40%嘧霉胺悬浮剂800倍液。叶蝉发生较重的果园：应该在花序分离期或开花前加用1次25%吡蚜酮1 000倍液，其他用药不变。 缺硼的果园：在花序分离期，加用21%保倍硼2 000倍液。缺硼会导致授粉不良，大小粒严重，在花序分离期补1次硼肥，促进授粉，增加果粒的种子数目，增大果粒。建议施用含量高、易吸收的保倍硼。 发芽后树势弱，叶片黄化的果园：此时的叶片黄化，和上年的营养储备及此时的灌水关系较大，上年营养储备差，或者发芽后灌水过多，尤其是水温过低时，土壤温度过低，根系吸收受抑制，要尽快松土透气，覆盖地膜提高地温，同时叶面喷施锌钙氨基酸300倍液+0.3%尿素+0.1%磷酸二氢钾，5~7天用1次，连用3~4次。有金龟子花期为害的果园，可以在开花前2~4天的用药中加用2.5%联苯菊酯乳油1 500倍液，另外在天黑后的2小时内灯光诱杀
开花前2~3天	50%福美双可湿性粉剂1 500倍液。	
谢花后2天	50%福美双可湿性粉剂1 500倍液（+40%嘧霉胺悬浮剂1 000倍液）+保倍钙肥1 000倍液	
谢花后至封穗前	30%代森锰锌悬浮剂600~800倍液+20%苯醚甲环唑水乳剂3 000倍液+保倍钙肥1 000倍液；或30%代森锰锌悬浮剂600~800倍液+70%甲基硫菌灵可湿性粉剂800倍液+保倍钙肥1 000倍液	落花后，用保倍福美双1 500倍液预防霜霉病、白粉病、轴枯病、灰霉病、白腐病、炭疽病等；使用嘧霉胺加强对灰霉病的防治。花后的第二遍药，用代森锰锌或代森锰锌悬浮剂和内吸性杀菌剂混合使用，防治白粉病、白腐病、炭疽病等病害。葡萄套袋后，容易缺钙：在全园用药时，加用2次保倍钙肥，含量高，易吸收。 防控叶蝉为害：落花后使用杀菌剂时，混合使用25%吡蚜酮可湿性粉剂1 000倍液，或3%苯氧威乳油1 000倍液，或10%吡丙醚乳油1 500倍液。 介壳虫为害较重的果园：在落花后到套袋前，加用2次3%苯氧威乳油1 000倍液。 霜霉病发生严重的果园，或者花前雨水较多时：在花后的一次用药中加用50%烯酰吗啉可湿性粉剂4 000倍液

（续）

生育期	措　施	备　注
封穗后至转色期	封穗后立即施用1次50%福美双可湿性粉剂1 500倍液（一定要均匀周到）；在转色期，施用1次80%水胆矾石膏800倍液+2.5%联苯菊酯乳油1 500倍液；其他可以根据天气和田间状况进行调整	上年霜霉病、白粉病严重的葡萄园，在套袋后：立即喷施50%福美双可湿性粉剂1 500倍液（一定要均匀周到）+50%烯酰吗啉可湿性粉剂4 000倍液；用药后15天：施用42%代森锰锌悬浮剂800倍液+20%苯醚甲环唑水乳剂3 000倍液（或40%氟硅唑乳油8 000倍液）；用药后10天左右：施用80%水胆矾石膏800倍液+2.5%联苯菊酯乳油1 500倍液。之后，根据天气情况，15天左右1次80%水胆矾石膏800倍液
采收后	可立即施用铜制剂+杀虫剂，或硫制剂	霜霉病发生比较普遍的葡萄园：首先施用1次内吸性杀菌剂（根据当年施用农药的情况和内吸治疗剂轮换用药的原则，可以选择金科克、甲霜灵、霜脲氰、乙磷铝等），5~7天后再施用铜制剂
	霜冻来临或稍后，进行冬季修剪（10月底或11月上中旬），修剪后埋土防寒。冬季修剪的同时或埋土后，对修剪下的枝条、田间的枝叶、架上的卷须、叶片等进行全面清扫，集中到园外统一处理	

救灾措施：
①发现霜霉病的发病中心：在发病中心及周围，使用1次50%烯酰吗啉3 000倍液+50%福美双可湿性粉剂1 500倍液。如果霜霉病发生比较严重或比较普遍，先使用1次50%烯酰吗啉可湿性粉剂4 000倍液+保护剂（保护剂可以选择50%福美双可湿性粉剂1 500倍液、80%必备600倍液，或30%代森锰锌800倍液，或30%王铜600倍液），3天左右使用80%霜脲氰水分散粒剂2 500倍液，4天后使用保护性杀菌剂。而后8天左右1次药剂，以保护性杀菌剂为主。连续阴雨（葡萄植株上一直带水），没有办法使用药剂，田间有霜霉病发病中心时可以在雨停的间歇（2~3小时），带雨水使用药剂：50%烯酰吗啉可湿性粉剂1 000~1 500倍液，喷洒在有雨水的葡萄植株正面上，作为连续阴雨的灾害应急措施。
②田间发现白粉病：全园施用50%福美双可湿性粉剂1 500倍液+70%甲基硫菌灵800倍液，3~5天后，施用40%氟硅唑乳油8 000倍液，也可以施用50%福美双可湿性粉剂3 000倍液。
③发生酸腐病：刚发生时，全园立即施用1次2.5%联苯菊酯乳油1 500倍液+80%波尔多液800倍液，然后尽快剪除发病穗。不要掉到地上，要用桶和塑料袋收集后带出田外，越远越好，挖坑深埋。
④田间有醋蝇存在的果园：在全园用药后，先在没有风的晴天时，用80%敌敌畏乳油300倍液间隔3天喷地面2次（要特别注意施药时的人身安全），待醋蝇全部死掉后，及时处理烂果。随后，经常检查果园，随时发现病穗，随时清理出园，妥善处理。辅助措施：可以用糖醋液加敌百虫或其他杀虫剂配成诱饵，诱杀醋蝇成虫（为了使醋蝇更好的取食诱饵，可以在诱饵上铺上破布等，以利醋蝇停留和取食）。田间醋蝇较多，防治难度大时，全园用药时加入50%灭蝇胺水溶性粉剂1 500倍液。
⑤有金龟子（尤其是花金龟）为害果实：施用的有机肥（特别是动物粪便，如鸡粪）要经过充分腐熟；灯光诱杀，在天黑后的2小时之内，用灯光诱杀，2小时后可以关灯；全园施用2.5%联苯菊酯乳油1 500倍液或45%马拉硫磷1 000倍液；糖醋液诱杀

新疆酿酒葡萄病虫害药剂防治规程简表

生育期	措　　施	
	有　机	**无公害**
绒球至吐绿	扒除枝干上的老皮，喷施5波美度石硫合剂，要细致周到	扒除枝干上的老皮，喷施5波美度石硫合剂，要细致周到
2~3叶期	喷施机油乳剂100~200倍液	50%福美双可湿性粉剂1 500倍液+2.5%联苯菊酯乳油1 500倍液；或喷施机油乳剂100~200倍液
开花前	2%农抗120水剂100倍液（+0.3%苦参碱150倍液）（+硼肥），全园细致周到喷雾	70%甲基硫菌灵可湿性粉剂800~1 000倍液（+25%吡蚜酮1 000倍液）（+21%保倍硼2 000倍液）
谢花后		50%福美双可湿性粉剂1 500倍液（+3%苯氧威乳油1 000倍液），全园细致周到喷雾
幼果期	0.3%苦参碱150倍液或机油乳剂100~200倍液，全园再喷1次。主要针对叶蝉、介壳虫等。6月中旬：1%武夷菌素水剂100倍液或1 000亿枯草芽孢杆菌1 500倍液，针对白粉病、霜霉病等	3%苯氧威1 000倍液，全园再喷一次（主要针对叶蝉、介壳虫等，巩固上次用药的效果）
封穗期		50%福美双可湿性粉剂1 500倍液，防控霜霉病、白粉病等
转色期	80%水胆矾800倍液（+0.3%苦参碱水剂150倍液），针对霜霉病、酸腐病等。如果霜霉病已经发生，使用亚磷酸300倍液，3天后使用80%波尔多液400倍液，10天后再使用1次；如果发生白粉病，连续使用2~3次农抗120水剂100倍液（如果温度低于30℃，可以使用80%硫黄水分散粒剂）	80%波尔多液800倍液。 一旦发生霜霉病要用2~3次药才能解决。用药如下：第1次用药：50%福美双可湿性粉剂1 500倍液+50%烯酰吗啉可湿性粉剂4 000倍液；3~5天（3天后但必须5天之内）第2次用药：80%霜脲氰水分散粒剂2 500倍液（或25%精甲霜灵2 000倍液）。第2次用药5天后：80%必备800倍液。（+25%精甲霜灵2 000倍液+）。之后，进入正常管理 田间发现白粉病：施用50%福美双可湿性粉剂1 500倍液+20%苯醚甲环唑水剂2 000倍液；5天后，40%氟硅唑乳油8 000倍液（或50%福美双可湿性粉剂3 000倍液）。之后，正常管理
采收后	80%水胆矾800倍液+机油乳剂100~200倍液，针对后期霜霉病（控制和减少越冬量）、叶蝉和介壳虫（杀灭和减少越冬量）	80%水胆矾800倍液+机油乳剂100~200倍液
埋土防寒前	修剪后清理田间枯枝烂叶，集中处理。刮除枝条上的介壳虫	
救灾措施：参阅新疆沿天山北坡酿酒葡萄药剂防治规程简表		

附录4　安全合理施用农药

1. 科学选择农药

　　首先要对症选药，否则防治无效或产生药害；其次到正规农药销售点购买农药，购买时要查验需要购买的农药产品三证号是否齐全、产品是否在有效期内、产品外观质量有没有分层沉淀或结块、包装有没有破损、标签内容是否齐全等。优先选择高效低毒低残留农药，防治害虫时尽量不使用广谱农药，以免杀灭天敌及非靶标生物，破坏生态平衡。与此同时，还要注意选择对施用作物不敏感的农药。此外，还要根据作物产品的外销市场，不选择被进口市场明令禁止使用的农药。

2. 仔细阅读农药标签

　　农民朋友在购买农药时，要认真查看贴在农药上的标签，包括名称、含量、剂型、三证号、生产单位、生产日期、农药类型、容量和重量、毒性标识等。为了安全生产以及您和家人的健康，请认真阅读标签，按照标签上的使用说明科学合理地使用农药。

3. 把握好用药时期

　　把握好用药时期是安全合理使用农药的关键，如果使用时期不对，既达不到防治病、虫、草、鼠害的目的，还会造成药剂、人力的浪费，甚至出现药害、农药残留超标等问题。要注意按照农药标签规定的用药时期，结合要防治病、虫、草、鼠的生育期和作物的生育期，选择合适的时期用药。施药时期要避开作物的敏感期和天气的敏感时段，以避免发生药害。防治病害应在发病初期施药；防治虫害一般在卵孵盛期或低龄幼虫时期施药，即"治早、治小、治了"，也就是说应抓住发生初期。此外要注意农药安全间隔期（最后一次施药至作物收获的间隔天数)。

4.掌握常见农药使用方法

药剂的施用方法主要取决于药剂本身的性质和剂型。为达到安全、经济、有效使用农药的目的，必须根据不同的防治对象，选择合适的农药剂型和使用方法。各种使用方法各具特点，应灵活选用。

5.合理混用，交替用药

即便是再好的药剂也不要连续使用，要合理轮换使用不同类型的农药，单一多次使用同一种农药，都容易导致病、虫、草、抗药性的产生和农产品农药残留量超标，同时也会缩短好药剂的使用寿命。不要盲目相信某些销售人员的推荐，或者发现效果好的农药，就长期单一使用，不顾有害生物发生情况盲目施药，造成有害生物抗药性快速上升，不少果农认为农药混用的种类越多效果越好，常将多种药剂混配，多者甚至达到5～6种。不当的农药混用等于加大了使用剂量，而且容易降低药效。

6.田间施药，注意防护

由于农药属于特殊的有毒物质，因此，使用者在使用农药时一定要特别注意安全防护，注意避免由于不规范、粗放的操作而带来的农药中毒、污染环境及农产品农药残留超标等事故的发生。

7.剩余农药和农药包装物合理处置

未用完的剩余农药严密包装封存，需放在专用的儿童、家畜触及不到的安全地方。不可将剩余农药倒入河流、沟渠、池塘，不可自行掩埋、焚烧、倾倒，以免污染环境。施药后的空包装袋或包装瓶应妥善放入事先准备好的塑料袋中带回处理，不可作为他用，也不可乱丢、掩埋、焚烧，应送农药废弃物回收站或环保部门处理。

图书在版编目（CIP）数据

葡萄高效栽培与病虫害防治彩色图谱/全国农业技术推广服务中心，国家葡萄产业技术体系组编. —北京：中国农业出版社，2017.9

（扫码看视频 ：轻松学技术丛书）

ISBN 978-7-109-23379-2

Ⅰ．①葡… Ⅱ．①全… ②国… Ⅲ．①葡萄栽培－图解②葡萄－病虫害防治－图解 Ⅳ．①S663.1-64 ②S436.631-64

中国版本图书馆CIP数据核字（2017）第229075号

中国农业出版社出版

（北京市朝阳区麦子店街18号楼）

（邮政编码 100125）

责任编辑 郭晨茜 孟令洋

北京通州皇家印刷厂印刷 新华书店北京发行所发行

2017年9月第1版 2017年9月北京第1次印刷

开本：787mm×1092mm 1/16 印张：14

字数：350 千字

定价：79.90 元

（凡本版图书出现印刷、装订错误，请向出版社发行部调换）